垃圾分类，文明你我

刘洁 编著

天津出版传媒集团

天津科学技术出版社

图书在版编目（CIP）数据

垃圾分类，文明你我 / 刘洁主编. -- 天津：天津科学技术出版社，2021.5

ISBN 978-7-5576-8910-0

Ⅰ.①垃… Ⅱ.①刘… Ⅲ.①垃圾处理－普及读物 Ⅳ.①X705-49

中国版本图书馆CIP数据核字(2021)第063195号

垃圾分类，文明你我

LAJI FENLEI，WENMING NI WO

责任编辑：胡艳杰

出　　版：	天津出版传媒集团 天津科学技术出版社
地　　址：	天津市西康路35号
电　　话：	（022）23332695
网　　址：	www.tjkjcbs.com.cn
发　　行：	新华书店经销
印　　刷：	众鑫旺（天津）印务有限公司

开本 710×1000　1/16　印张 8.5　字数 110 000

2021年5月第1版第1次印刷

定价：29.80元

编委会

总策划：蔡 芳

主 编：刘 洁

编 委：（按姓氏字母顺序排序）

陈春红　陈素琴　郭　丹　韩志波　姜丽萍　李　颖

马卫华　苏小晴　汤佳佩　王巧玲　王　颖　吴　薇

薛　梅　杨　帆　杨　红　赵　宏　张冬云　张　乐

张未辰　张新政　张宜環　张　勇　周　丹

序

走向生态文明的垃圾分类

垃圾分类是我们每个人生活当中的一件日常事，是一件体现公民素质的平常事，更是一件关乎大民生的要紧事。老子曰："天下大事，必作于细；天下难事，必作于易"，如何把这件身边的小事做细，把身边的这件难事做易，那就要从每个社会公民、家庭做起，把垃圾分类当作文明素养提升的大事来做，要用"一屋不扫何以扫天下"的气概，来重视走向生态文明高度的垃圾分类！

庄子曾经说过，人无废人，物无弃物。垃圾是放错了地方的资源和宝物，是地球上唯一一种不断增长、永不枯竭的资源。如果我们对产生的垃圾混投混放，就会导致后端无法处理，最后日益增长的垃圾将会和我们人类争夺生存空间，同时混投混放的垃圾长期堆积、无法处理，会污染空气、土壤和水源，会直接和间接对我们人类的身体健康造成损害。

垃圾分类就是将垃圾分类投放、分类回收、分类运输和分类处理，从而转化为公共资源的一系列活动的总称。很多垃圾经过合理处理就可以华丽转身变成有价值的资源。分类处理同时也是对环境资源的尊重和保护。为了子孙后代的生生不息，我们有责任减少浪费，简约生活，传承中华优秀传统节俭美德。

本书的总策划蔡芳书记作为社区学院领导，有站位有高度，引领老百姓做该做的事，刘洁老师开展生态文明建设多年，在垃圾分类上有深刻思考，指导老百姓做能做的事，这本书的编委们深入浅出地设计内容，将潜心研究与关注社会相结合。本书共有五个版块，分别是：垃圾分类新时尚；生态文明高站位；天地和谐利国民；勤俭节约传美德；践行美好新生活。具体内容包括垃圾如何分类，国家高度重视生态文明建设，垃圾分类的意义与价值，如何做好垃圾分类、垃圾减量，日常低碳生活小建议等。希望本书能成为老百姓身边、手边的贴心小百科。

习近平总书记说，人与自然是生命共同体，人类必须尊重自然、顺应自然、保护自然，贯彻节约资源和保护环境是基本国策[①]。做好垃圾分类宣传既要对市民进行垃圾分类意识和行为培养，又要借垃圾分类实践育人。"生于忧患，死于安乐"，人类在工业文明中创造物质财富的同时，也遭受到了大自然的无情报复。当我们在物质享受中受到警醒时，地球母亲已经千疮百孔。垃圾分类是需要每个人参与的小事，它将反映一个民族的文明程度，"生态兴则文明兴，生态衰则文明衰。""生态环境保护是功在当代、利在千秋的事业。[②]"《荀子·修身》里说道："道虽迩，不行不至，事虽小，不为不成。"我们只有一个地球母亲，我们必须行动起来，每一个人都从我做起，用心中永恒的道德法则去敬畏头顶上的灿烂星空和大地母亲！去遵守自然的法则、去保护我们赖以生存的大自然。为子孙后代留下绿水青山是我们的责任。让我们每一个人都来做绿水青山的守望者！

清华大学教育研究院教授：石中英

2020年11月于北京

---

① 《致生态文明贵阳国际论坛二〇一三年年会的贺信》《人民日报》2013 年 7 月 21 日
② 2013 年 5 月 24 日，习近平在主持中共中央政治局第六次集体学习时讲话

目 录
CONTENTS

 垃圾分类新时尚 /01

 生态文明高站位 /35

 天地和谐利国民 /45

 勤俭节约传美德 /69

 践行美好新生活 /101

可回收物 Recyclable　　有害垃圾 Hazardous Waste　　厨余垃圾 Food Waste　　其他垃圾 Residual Waste

垃圾分类新时尚

垃圾分类，文明你我

放眼看世界

　　垃圾是某些人认为在某一时间、某一地点不再具有使用价值和欣赏价值的固体或者流体物质。所以垃圾是相对的。垃圾分类是指按一定规定或标准将垃圾分类投放、分类收集和分类运输、分类处理，从而转变成公共资源的一系列活动的总称。

　　垃圾分类可以提升垃圾的资源价值和经济价值，我们可以根据垃圾的成分构成、产生量，结合垃圾的资源利用和处理方式来分类，力争物尽其用。国际上很多国家都在开展垃圾分类活动，也有很好的做法；针对居民垃圾不分类，不同国家也都有不同的对策，我们来看看这几个国家的举措。

英国

垃圾分类相关管理办法

　　英国设立专门负责监督垃圾回收方案执行的警察。并有当场开出100英镑（约合人民币900元）罚单的权利。

韩国

垃圾分类相关管理办法

韩国的食物垃圾和普通生活垃圾需要使用指定的垃圾袋，这种专用垃圾袋的售价包含了垃圾收集、运输及处理费用，因此要比一般的塑料袋贵很多。居民若没有使用规定的口袋装垃圾，可能被罚100万韩元（约合人民币6,000元）。

澳大利亚

垃圾分类相关管理办法

澳大利亚由市政部门综合评估后确定罚款额度，如个人乱倒废物不到200 L，则罚款252澳元；200~2,500L，则罚款2,018澳元；2,500L以上罚款4,323澳元。对于更严重的行为，如屡犯不改、乱扔危险废物、企业主乱倒垃圾等，市议会会进行起诉，罚款金额会达到5万至12万澳元（1澳元约合人民币4.79元）。

垃圾分类，文明你我

新西兰

垃圾分类相关管理办法

根据奥克兰市政府监管和法规委员会规定，初次乱倒垃圾罚款100新西兰元；垃圾量越大，罚款越大，一年内有多次乱扔垃圾记录，以及乱扔腐烂的食物残渣、动物尸体和脏尿片等垃圾的，罚款400新西兰元（1新西兰元约合人民币4.54元）。

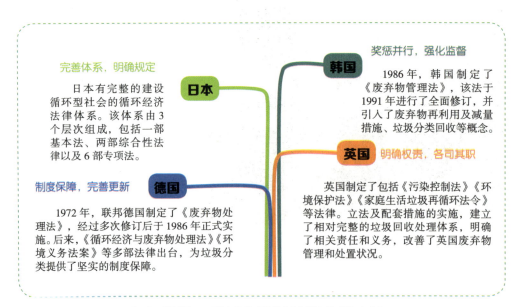

日本 完善体系，明确规定

日本有完整的建设循环型社会的循环经济法律体系。该体系由3个层次组成，包括一部基本法、两部综合性法律以及6部专项法。

韩国 奖惩并行，强化监督

1986年，韩国制定了《废弃物管理法》，该法于1991年进行了全面修订，并引入了废弃物再利用及减量措施、垃圾分类回收等概念。

德国 制度保障，完善更新

1972年，联邦德国制定了《废弃物处理法》，经过多次修订后于1986年正式实施。后来，《循环经济与废弃物处理法》《环境义务法案》等多部法律出台，为垃圾分类提供了坚实的制度保障。

英国 明确权责，各司其职

英国制定了包括《污染控制法》《环境保护法》《家庭生活垃圾再循环法令》等法律。立法及配套措施的实施，建立了相对完整的垃圾回收处理体系，明确了相关责任和义务，改善了英国废弃物管理和处置状况。

知识链接：世界各国的垃圾分类立法

美国、加拿大："回收费单列"

在美国和加拿大，消费者购买电子电器时要向零售商缴纳回收费或处理费。2005年6月，美国加州通过法案，要求消费者新买电脑或电视机时，每件缴纳10

美元"电子垃圾回收费"。加拿大消费者如要购买一台29英寸（73.66厘米）以下的电视机或显示器，需缴9加元"环境处理费"；如购买29英寸以上的，处理费涨到31.75加元。在加拿大，如把电子垃圾混进生活垃圾，将被处以至少50加元罚款，外加清理分类所产生的费用的50%。

瑞士：为塑料瓶设基金

瑞士是首批循环利用塑料瓶的国家之一，目前对使用过的塑料瓶的回收率已达到80%以上。瑞士政府明文规定，企业只有在使废弃的塑料瓶回收率达到75%时，才能获得生产与使用塑料瓶的资格。为了自助收集、分拣和循环利用塑料瓶，政府对每个塑料瓶增加4个生丁（约合0.24元人民币）的税收，税收由一个回收塑料瓶的非营利机构管理，作为回收塑料瓶的专用基金。瑞士也十分重视循环利用罐头盒。全国每年回收废罐头盒1.2万吨以上，即平均每人1.7千克。瑞士联邦环境局还专门设有负责回收废电池与蓄电池的机构。瑞士在2003年底正式成立了回收旧手机的专门机构，并在全国8,000余个邮局开展了收购旧手机的业务。

法国：用交换物品处理垃圾

除了当下较为流行的垃圾分类法，追求时尚的法国人还喜欢用交换物品的方法来处理生活中产生的垃圾。法国人有追求时尚、更换物品的习惯，

法国街头的垃圾箱

但现在与过去扔弃的方式不一样了，每当家里有了闲置的"垃圾"，比如一些家具、家用电器等，主妇们便会把它们放在临街显眼处，供路人拣拾再用。一些图书、旱冰鞋、皮箱和滑雪板等会放在同楼的停车库出口处，让邻居选取。一些洗得干干净净的儿童服装，人们会自觉地送到妇幼中心，供来此为儿童注射疫苗的家长选择。这些物品互送和再次利用，不仅从源头上节约资源、减少垃圾，也帮助了他人，这种方式值得借鉴。

马来西亚：酒店没有"六小件"

从20世纪90年代初开始，马来西亚的各个酒店就不再提供一次性洗漱用品等"六小件"了。现在，到马来西亚旅游的人，都会自带洗浴用品。有调查显示，平日并不起眼的"六小件"，成本其实并不低，例如我国的酒店业每年在"六小件"上的花费就有440亿元左右。减少"六小件"不仅节约了资源，而且也减少了巨量的废弃垃圾。

垃圾危害大

人类每天都在产生生活垃圾，传统处理大量垃圾的方法就是填埋，填埋不仅侵占土地，填埋处理的生活垃圾中的有害物质会污染土壤，在堆放腐败过程中还会产生大量的酸性和碱性有机污染物，并会将垃圾中的重金属溶解出来，雨水淋入产生的渗滤液必然会造成地表水和地下水的严重污染。

> 住建部2018年发布的数据显示，2010年以来，我国生活垃圾清运量逐年上升，2016年达到2.04亿吨，同比增长6.81%；2017年约达到2.16万吨，同比增长5.82%。
> ——《中国城市建设统计年鉴》

> 北京每天产生的垃圾，相当于9个注满水的奥运会游泳池的重量。与日俱增的垃圾产生量，给垃圾处理工作带来了巨大的压力与挑战。目前，北京市生活垃圾卫生填埋场库容趋于饱和，垃圾处理能力"紧平衡，缺弹性"。

1. 环境污染

垃圾通过多种途径影响环境,主要表现在以下三个方面。

大气污染

垃圾露天堆放时,细微颗粒会随风飞扬,污染空气。不仅如此,垃圾中的有机物被微生物分解,释放出的有害气体多达 100 余种,其中的氨、硫化物等含有大量致癌物。

水污染

垃圾中含有病原微生物、有机污染物和有毒的重金属等。在雨水的冲刷下,它们被带入水体,会造成地表水或地下水的严重污染,影响水生物的生存和水资源的利用价值。

土壤污染

垃圾中的有害物质会改变土壤的性质，比如酸碱度、化学成分等。还会杀伤土壤中原有的微生物，滋生其他种类的微生物。另外有害物质被植物吸收后，又通过食物链传递给动物及人类，危害生态平衡和人体健康。

侵占土地

目前我国的生活垃圾主要采用露天堆放和填埋的方式处理，这两种方法都需要占用大片土地。全国生活垃圾占地面积高达5万多平方千米。

2. 资源浪费

垃圾中的许多可回收物资没有得到重复利用，造成资源浪费。

对已有资源的浪费会造成新资源的过度开采，从而加速环境破坏。

垃圾分类，文明你我

分类好处多

　　垃圾分类对城市规划有重要的促进作用，合理准确的分类投放，可有效降低垃圾污染程度，并且在回收以及处理过程中降低处理成本，减少土地资源的消耗。具有社会、经济、生态三方面的效益。

　　（1）减少占地：生活垃圾中有些物质不易降解，使土地受到严重侵蚀。垃圾分类，去掉能回收的、不易降解的物质，减少垃圾数量达50%以上。

　　（2）减少环境污染：废弃的电池含有金属汞、镉等有毒物质，会对人类造成严重的危害；土壤中的废塑料会导致农作物减产；抛弃的废塑料被动物误食，导致动物死亡的事故时有发生。因此回收利用可以减少危害。

　　（3）利于资源循环：1吨废纸可以造出850千克好纸，可节省300千克木材，等于少砍17棵树；一吨易拉罐熔化后能结成一吨很好的铝块，可少采20吨铝矿；1吨废塑料可回炼600千克无铅汽油和柴油；1吨废玻璃可以生产2万个容量为1升的玻璃瓶。30%~40%的生活垃圾可以回收利用，应珍惜这些可以再利用的资源。

贯彻有条例

　　为了加强生活垃圾管理，改善城乡环境，保障人体健康，维护生态安全，促进首都经济社会可持续发展，依据国家有关法律、法规，2019年11月27日，北京市十五届人大常委会第16次会议表决通过北京市人大常委会关于修改《北京市生活垃圾管理条例》的决定。修改后的《北京市生活垃圾管理条例》对生活垃圾分类提出更高要求，于2020年5月1日开始，新版《北京市生活垃圾管理条例》正式实施。

　　第四条：生活垃圾管理是本市各级人民政府的重要职责。街道办事处和乡镇人民政府负责本辖区内生活垃圾的日常管理工作，指导居民委员会、村民委员会组织动员辖区内单位和个人参与生活垃圾减量、分类工作。

垃圾分类，文明你我

第十条：本市采取有效措施，加强生活垃圾源头减量、全程分类管理、资源化利用、无害化处理的宣传教育，强化单位和个人的生活垃圾分类意识，推动全社会共同参与垃圾分类。

新版"条例"中不仅关注到了垃圾分类，更提出了减量化，对市场上塑料袋的提供和使用进行了明确的规定。其中规定，禁止在本市生产、销售超薄塑料袋。超市、商场、集贸市场等商品零售场所不得使用超薄塑料袋，不得免费提供塑料袋。如果超市、商场、集贸市场等商品零售场所使用超薄塑料袋，由市场监督管理部门责令立即改正，处1万元以上5万元以下罚款；再次违反规定的，处5万元以上10万元以下罚款。

"餐饮经营者、餐饮配送服务提供者和旅馆经营单位不得主动向消费者提供一次性筷子、叉子、勺子、洗漱用品等，并应当设置醒目提示标识。"

"个人违反本条例第三十三条规定，由生活垃圾分类管理责任人进行劝阻；对拒不听从劝阻的，生活垃圾分类管理责任人应当向城市管理综合执法部门报告，由城市管理综合执法部门给予书面警告；再次违反规定的，处50元以上200元以下罚款。"

"依据前款规定应当受到处罚的个人，自愿参加生活垃圾分类等社区服务活动的，不予行政处罚。"

2020年4月，全国人大常委会修订通过固体废物污染环境防治法，自2020年9月1日起实施。固废法坚持用最严格的制度、最严密的法治保护生态环境，对违法行为实行严惩重罚。为与固废法保持一致，《北京市生活垃圾管理条例》在法律责任部分条款做了修订，以维护国家法制统一。北京市人大法制委员会提出《北京市人民代表大会常务委员会关于修改〈北京市生活垃圾管理条例〉的决定(草案)》，经市十五届人大常委会第二十四次会议审议并表决通过。

这部分修改内容主要包括：对商品零售场所使用超薄塑料袋、单位未分类投放生活垃圾、生活垃圾收集和运输单位随意倾倒垃圾、餐饮服务单位违法收集或处理厨余垃圾、生活垃圾集中转运和处理设施运行管理单位未按规定监测或未公开污染排放数据等违法行为，提高处罚额度，强化法律责任。法律责任修改前后对照如下：

违法行为种类	修改前	修改后
商品零售场所使用超薄塑料袋	罚款0.5万~1万元，1万~5万元（再次违法）	罚款1万~5万元 5万~10万（再次违法）
单位未分类投放生活垃圾	罚款0.1万元，1万~5万元（再次违法）	罚款5万~50万元
生活垃圾收集运输单位随意倾倒垃圾	罚款2万~10万元，	罚款5万~50万元，没收违法所得
餐饮服务单位违法收集处理厨余垃圾	罚款1万~10万元，责令停业整顿	罚款10万~100万元，没收违法所得
生活垃圾集中转运和处理设施运行管理单位未按规定监测或未公开污染排放数据	罚款0.2万~2万元，3万~10万元	罚款10万~100万元，没收违法所得，责令停业或者关闭

垃圾分类，文明你我

北京市垃圾分几类

2020年北京市垃圾分类图

勤俭节约传美德

垃圾分类，文明你我

分类好处多

北京市最新颁布的《北京市生活垃圾管理条例》将生活垃圾分为：厨余垃圾、可回收物、有害垃圾和其他垃圾。

厨余垃圾

家庭中产生的菜帮菜叶、瓜果皮壳、剩菜剩饭、废弃食物等易腐性生活垃圾

 菜帮菜叶　 瓜果皮壳　 鸡骨鱼刺　 剩菜剩饭

残枝落叶　调料　 过期食品等　 茶叶渣

厨余垃圾投放要求

① 从生产时就与其他品类垃圾分开，投放前沥干水分；
② 做到"无玻璃陶瓷、无金属、无塑料橡胶"等其他杂物；
③ 有包装物的过期食品应将包装物去除后分类投放。

知识点

可回收物指在日常生活中产生的，已经失去原有全部或者部分使用价值，回收后经过再加工可以成为生产原料或者经过整理可以再利用的物品。

可回收物主要包括：

报纸、纸箱、书本、广告单、塑料瓶、塑料玩具、油桶、酒瓶、玻璃杯、易拉罐、旧铁锅、旧衣服、包、旧玩偶、旧数码产品、旧家电等。

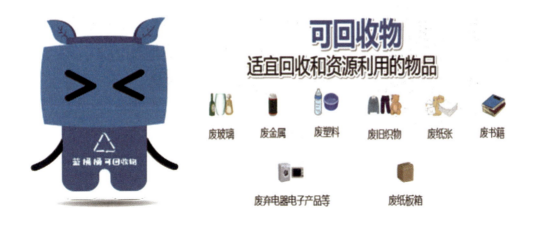

可回收物投放要求
①轻投轻放；②清洁干燥、避免污染；③废纸尽量平整；
④立体包装请清空内容物，清洁后压扁投放；
⑤有尖锐边角的，应包裹后投放。

垃圾分类，文明你我

 知识点

厨余垃圾是指家庭中产生的菜帮菜叶、瓜果皮核、剩菜剩饭、废弃食物等易腐性垃圾。

厨余垃圾主要包括：

菜帮菜叶、瓜果皮壳、鸡骨鱼刺、剩菜剩饭、茶叶渣、残枝落叶、调料、过期食品。

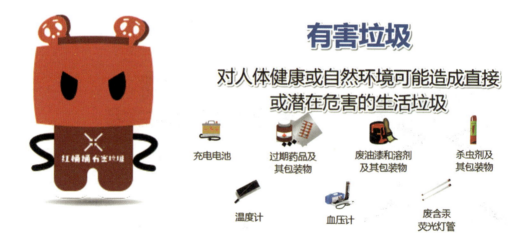

有害垃圾投放要求
①应保证器物完整，避免二次污染；②如有残留要密闭后投放；③投放时注意轻放；④易破损的要连带包装或包裹后轻放；⑤如易挥发，要密封后投放。

知识点

有害垃圾是指生活垃圾中的有毒有害物质。

有害垃圾主要包括：

废电池（充电电池、铅酸电池、镍镉电池、纽扣电池等）、废油漆、消毒剂、荧光灯管、含汞温度计、废药品及其包装物等。

其他垃圾投放要求

沥干水分后投放。

垃圾分类，文明你我

 知识点

其他垃圾是指除厨余垃圾、可回收物、有害垃圾之外的生活垃圾，以及难以辨别类别的生活垃圾。

其他垃圾主要包括：

餐盒、餐巾纸、湿纸巾、卫生间用纸、塑料袋、食品包装袋、污染严重的纸、烟蒂、纸尿裤、一次性杯子、大骨头、贝壳、花盆等。

其他垃圾图例

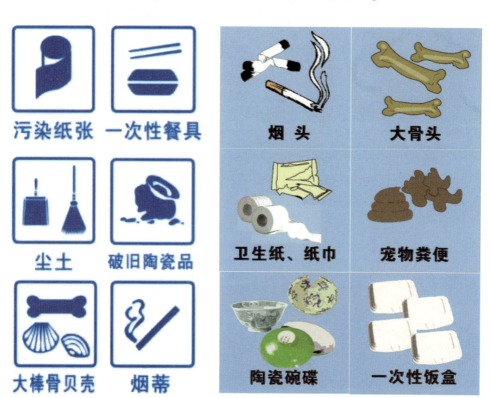

日常巧落实

随着经济社会发展和物质消费水平的大幅提高，我国生活垃圾产生量迅速增长，环境隐患日益突出，已经成为新型城镇化发展的制约因素。遵循减量化、资源化、无害化的原则，实施生活垃圾分类，可以有效改善城乡环境，促进资源回收利用。我们每个家庭每天都会产生一些生活垃圾，那么在家中处理这些生活垃圾的具体方法是什么呢？

垃圾分类，文明你我

小建议：

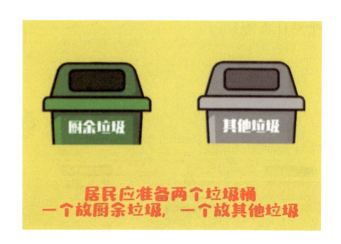

家庭垃圾一定要分类！我们每一个家庭在源头做好垃圾分类，减少二次分类分拣的工作量，这是对垃圾分类的最大支持。

生活小窍门

垃圾分类落实以来,人们已经基本掌握常见垃圾的分类标准,然而依旧有一些常见却又让人难以分出类别的垃圾,下面我们来详细认识这些容易混淆的垃圾。

大棒骨

为什么不是厨余垃圾呢?

其他垃圾是指除可回收物、厨余垃圾、有害垃圾以外的其他生活废弃物,大棒骨比较难腐蚀,不能放在厨余垃圾中,应该投放进其他垃圾里。

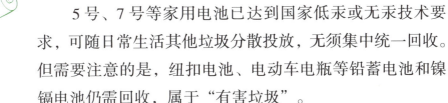

电池为什么算其他垃圾呢?

5号、7号等家用电池已达到国家低汞或无汞技术要求,可随日常生活其他垃圾分散投放,无须集中统一回收。但需要注意的是,纽扣电池、电动车电瓶等铅蓄电池和镍镉电池仍需回收,属于"有害垃圾"。

污染的瓶子怎么扔?

洗发液瓶洗涮干净后可投入可回收物,否则投入有害垃圾桶。

垃圾分类，文明你我

卫生纸有回收价值吗？

使用后的卫生纸被污染了，而且卫生纸包括餐巾纸，遇水可溶性强，没有回收价值，应该投入其他垃圾桶内。

含有大量液体的厨余垃圾该如何投放呢？

含有大量液体的厨余垃圾，需沥干后倒入厨余垃圾桶，所用容器是一次性餐具的，应投入其他垃圾桶。

知识链接：

遵循垃圾分类的要求，按照具体的分类方式进行分类，厨余垃圾沥干水分，可回收物做好压缩，有害垃圾包裹投放。

时尚风向标

你的童年有用旧报纸做笔筒的经历吗？在这个环保理念流行的年代，人们的环保意识逐渐提高，垃圾的"变废为宝"在深入人心的同时，更是成为当今社会的时尚风向标。你知道吗？你身上穿的服装、鞋子，用的书包等都有可能是用塑料瓶加工制作的，其实我们生活中很多物品都可以通过可回收物华丽转身变成时尚流行元素！

你熟悉的这双运动鞋大约用 11 个塑料瓶加工制成，而鞋带、鞋垫、鞋跟、鞋舌等部分也都是由回收而来的废弃塑料加工制成。

提炼废弃橘子皮的纤维，制作精美的女士丝巾。

垃圾分类，文明你我

以玉米核为原材料制作而成的环保水杯，用塑料瓶作为原材料，通过相应处理后制成的背包与服装。

塑料瓶的华丽转身

标识记心上

垃圾分类新时尚

新版《生活垃圾分类标志》将生活垃圾分为可回收物、有害垃圾、厨余垃圾及其他垃圾四个大类，对生活垃圾分类标志的图形符号进行了规定，你认对了吗？

生活垃圾分类标志

Signs for classification of municipal solid waste

可回收物
Recyclable

这个是可回收物的标识！它的英文名字叫：Recyclable.

记住呦，有回收价值的都叫可回收物。

有害垃圾
Hazardous Waste

这个是有害垃圾的标志，你看它是代表警示作用的红色，说明它可是有危险的呦！它的英文名字叫：Hazardous Waste.

垃圾分类，文明你我

厨余垃圾
Food Waste

这个代表着生命的绿色是厨余垃圾的标志。你看看它的形状像什么呢？它大部分是由食物组成的，所以它的英文名字叫：Food Waste.

其他垃圾
Residual Waste

不属于以上三类，又不能准确归属的都属于其他垃圾，它的颜色是黑色，它的英文名字叫：Residual Waste.

垃圾都去哪了？

下面我们主要介绍厨余垃圾和其他垃圾的处理方式。

一、厨余垃圾

厨余垃圾有机物含量高，还含有多种微生物生长所需的营养元素，可生化性强，因此，可将厨余垃圾生化处理，实现资源化利用。

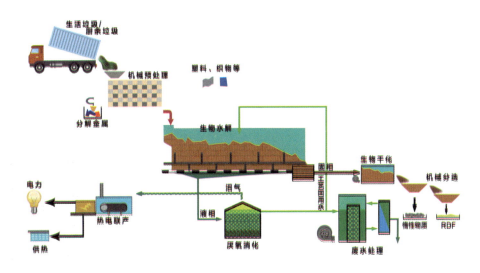

厨余垃圾资源化处理

1. 堆肥化

堆肥化是指利用自然界广泛存在的微生物，有控制地促进固体废物中可降解有机物转化为稳定的腐殖质的生物化学过程。通过堆肥化生产的有机肥，所含营养物质比较丰富，且肥效长而稳定，同时有利于促进土壤固粒结构的形成,能增加土壤保水、保温、透气、保肥的能力。堆肥化处理不仅可以解决厨余垃圾的处置问题,得到的肥料还可以用于城市绿化和农业生产,可谓一举两得。

2. 厌氧发酵

厌氧发酵,是指有机物质在一定的水分、温度和厌氧条件下,通过各类微生物的分解代谢,最终形成甲烷和二氧化碳等可燃性混合气体的过程。目前,厨余垃圾的厌氧发酵处理可以制备沼气、乙醇等,其中厨余垃圾厌氧发酵制备沼气的技术比较成熟,国内外已有很多成功应用的案例。

3. 生物柴油

每吨厨余垃圾可提炼 30~100kg 的油脂,可以实现低成本非食用油生产。杭州市厨余垃圾处理一期工程于 2016 年 2 月 20 日在杭州天子岭循环经济产业园区启动运行,每日可处理 200 吨厨余垃圾和 20 吨地沟油。有研究者用复合酶制剂对厨余垃圾进行处理发酵生产微生物油脂,接种健强地霉 G9 菌株发酵,每吨餐厨废弃物可产油脂近 20kg,可见厨余垃圾有很大的生产生物柴油潜能。

地沟油提炼生物柴油

二、其他垃圾

目前我国生活垃圾无害化处理主要以填埋为主,焚烧和生化处理为辅。首都城市环境建设管理委员会印发的《北京市生活垃圾分类工作行动方案》的通知中指出，到 2020 年底，焚烧和生化处理能力达到 2.23 万吨/日，原生垃圾 80% 以上采用资源化处理；到 2025 年底，全面实现原生垃圾"零填埋"。

生活垃圾焚烧无害化处理具有"减容、减量和资源化"等显著优势，垃圾焚烧能够实现减容 90%，减量化达到 80%，同时焚烧过程产生的热量可用于发电，如下图所示。

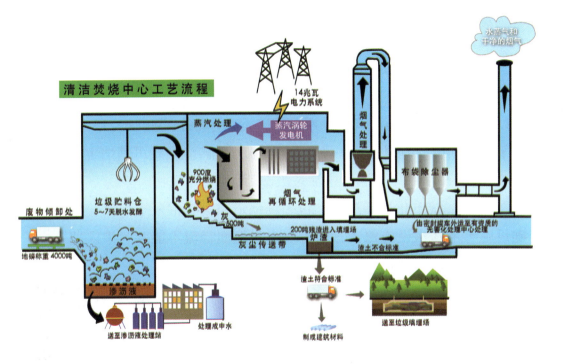

生活垃圾焚烧发电厂流程图

垃圾焚烧发电厂，是将垃圾作为燃料燃烧，垃圾中含水量的不同会对燃烧效率产生不同的影响。日常生活经验告诉我们，水分含量高的垃圾在燃烧中会吸收大量的热，使水分蒸发，降低焚烧物的温度，易结块，增加垃圾完全燃烧的难度。

在工业实践中，为保障湿垃圾得到很好的燃烧，需要增加更多的热空气去烘干它，帮助它燃烧。这样增加了能源消耗，同时也违背了垃圾焚烧厂节能减排的初衷。因此，生活垃圾在焚烧前，需要进行预处理。将垃圾进行一定时间（7~10天）的发酵，类似污水的沉积作用，在重力压缩作用下把大量的水（又称渗滤液）排走，通过垃圾池底部的格栅排到渗沥液处理系统。此外，生活垃圾中含水还会增加运输的难度。1立方米污水通过垃圾转运、渗液处理，费用要达到五六十元，处理费是污水处理厂处理成本的50~60倍。

焚烧处理中产生了底灰和飞灰（又称烟气）。烟气需要进行净化、除尘，达到排放标准后排出。生活垃圾焚烧后底灰占剩余质量的80%~90%，从组成上看，生活垃圾焚烧的底灰与天然的砂石成分相似，可以用它来代替砂石生产各种用途的砖，如免烧砖、基砌砖、渗水砖等，用于建筑领域。有报道称一条年产3000万块砖生产线可消纳生活垃圾残渣3万~5万吨，相当于生活垃圾20万~30万吨。

当前，城市化进展迅速，很多场地道路都被混凝土房屋、各类基础设施等不透水设施覆盖，使得雨水与地面径流不能及时渗入地下，补充地下水，同时对地下水资源的过量开采，使得地下水位急剧下降，造成很多环境问题。从20世纪70年代开始，很多国家和地区开始研究渗水性路面材料，当雨水较多时，它可以使之渗透到地表层，补偿地下水资源，改善植物生长条件，减轻城市排水负担。渗水砖就是一种新型绿色环保型路面建筑材料，具有透水性好、防滑性强、抗控性能高，且维护成本低，易于更换，自然美观，被广泛用于住宅、人行道、公园、广场等承重较小的路面。

渗水砖

活动促落实

　　垃圾分类走进社区、学校，推广垃圾分类知识。垃圾减量分类活动进社区系列宣传活动，主要目的在于普及生活垃圾分类知识，提高社区居民生活垃圾分类意识，引导社区居民形成生活垃圾分类投放习惯。

垃圾分类，文明你我

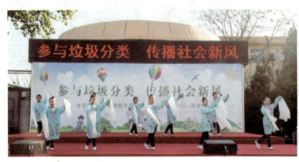

生态文明高站位

垃圾分类，文明你我

人与自然是生命共同体

人从哪里来？人类的起源，是人们关心的永恒话题。现代生物进化论告诉我们，人类从低等生物进化而来，是自然的产物。人类从诞生之日起，就与自然息息相关、休戚与共，人与自然构成了一个不可分离的生命共同体。

生态环境部在2020年六五环境日国家主场活动上正式发布"中国生态环境保护吉祥物"。吉祥物为一对名为"小山"和"小水"的卡通形象，以"青山绿水"为设计原型，有机结合"绿叶、花朵、云纹、水纹"等设计元素，表达出"绿水青山就是金山银山"的理念。

我国古代文化十分强调对自然的尊重，提出了许多关于人与自然和谐共生的理念。比如，老子强调要遵循自然规律，提出"人法地，地法天，天法道，道法自然"的观点；孔子用"钓而不纲，弋不射宿"的仁爱态度，表明了对自然的敬畏之心；《吕氏春秋》批判焚林而田、竭泽而渔的行为，认为这些都是短视之举等等。正是在这些思想的影响下，我国古代很早就建立了保护自然的国家管理制度，形成了很多行之有效的做法，从而保证了中华文明的绵延不断、源远流长。

人与自然和谐共生的思想源于马克思主义自然观。马克思指出，"人是自然界的一部分""人靠自然界生活",强调人类在同自然的互动中生产、生活、发展,不以伟大的自然规律为依据的人类计划,只会带来灾难。针对美索不达米亚、希腊、小亚细亚等地毁坏森林的现象,恩格斯深刻指出:"我们不要过分陶醉于我们人类对自然界的胜利。对于每一次这样的胜利,自然界都对我们进行报复。"这些思想,深刻揭示了人与自然的辩证统一关系,人类善待自然就会获得自然的馈赠,反之就会受到自然的惩罚。

一部人类文明史,就是人与自然关系的发展史。原始文明时期,人类必须依附自然,主要靠简单的采集渔猎获得生存所需;农业文明时期,人类广泛利用自然,主要靠农耕畜牧稳定地获取自然资源,以支撑自身发展;工业文明时期,人类利用科技大规模改造自然,一度存在征服自然的理念,凌驾于自然之上,造成了生态环境的巨大破坏,后来认识到保护自然的重要性,开始修复生态、保护环境,人与自然的关系进入新阶段。

2005年8月15日,"绿水青山就是金山银山"理念诞生,15年来,"两山论"为中国的生态文明建设拨开了迷雾,指明了方向。

垃圾分类，文明你我

生态文明写入党章

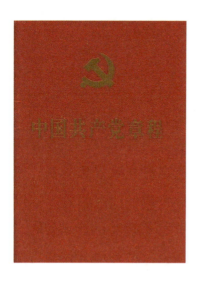

　　中国共产党第十八次全国代表大会将生态文明建设写入党章并做出阐述，使中国特色社会主义事业总体布局更加完善，使生态文明建设的战略地位更加明确，有利于全面推进中国特色社会主义事业。

　　党章丰富了社会主义经济建设、政治建设、文化建设、社会建设的内容，对全党同志更加自觉、更加坚定地贯彻党的基本理论、基本路线、基本纲领、基本经验、基本要求，全面推进社会主义市场经济、社会主义民主政治、社会主义先进文化、社会主义和谐社会、社会主义生态文明建设，团结带领全国各族人民不断夺取中国特色社会主义新胜利具有十分重要的作用。

生态文明写入宪法

十三届全国人大一次会议第三次全体会议3月11日下午经投票表决,通过了《中华人民共和国宪法修正案》。"生态文明"写入宪法。

党的十八大以来,党中央高度重视社会主义生态文明建设,坚持绿色发展,把生态文明建设融入经济建设、政治建设、文化建设、社会建设各方面和全过程,加大生态环境保护力度,推动生态文明建设在重点突破中实现整体推进。

"走向生态文明新时代,建设美丽中国,是实现中华民族伟大复兴的中国梦的重要内容。""只有实行最严格的制度、最严密的法治,才能为生态文明建设提供可靠保障。"

生态兴则文明兴

无论是理论还是实践，生态文明思想无不体现着对国家、民族的历史责任感。生态文明建设是关系中华民族永续发展的根本大计，生态兴则文明兴，生态衰则文明衰，建设生态文明，关系人民福祉，关乎民族未来。

党的十八大以来，党和国家对生态文明建设倾注了巨大心血，对"为什么建设生态文明、建设什么样的生态文明、怎样建设生态文明"的重大问题进行深入思考，提出了一系列标志性、创新性、战略性的重大思想观点。

历史观

"生态兴则文明兴"的历史观。生态环境的变化直接影响文明的兴衰演替。曾经璀璨的古埃及、古巴比伦文明的衰落，都与生态环境恶化有关。我国古代一度辉煌的楼兰文明，已被埋藏在万顷流沙之下。必须坚持节约资源和保护环境的基本国策，走生态优先、绿色发展新路，为中华民族永续发展打好生态根基。

自然观

"坚持人与自然和谐共生"的自然观。山峦层林尽染，平原蓝绿交融，城乡鸟语花香。这样的自然美景，既带给人们美的享受，也是人类走向未来的依托。在整个发展过程中，都必须坚持节约优先、保护优先、自然恢复为主的方针，像保护眼睛一样保护生态环境，像对待生命一样对待生态环境，让子孙后代既能享有丰富的物质财富，又能遥望星空、看见青山、闻到花香。

发展观

"绿水青山就是金山银山"的发展观。绿水青山既是自然财富、生态财富，又是社会财富、经济财富。必须贯彻创新、协调、绿色、开放、共享的发展理念，加快形成节约资源和保护环境的空间格局、产业结构、生产方式、生活方式，给自然生态留下休养生息的时间和空间。

民生观

"良好生态环境是最普惠的民生福祉"的民生观。环境就是民生，青山就是美丽，蓝天也是幸福。发展经济是为了民生，保护生态环境同样是为了民生。必须坚持生态惠民、生态利民、生态为民，重点解决损害群众健康的突出环境问题，不断满足人民日益增长的优美生态环境需要。

系统观

"山水林田湖草是生命共同体"的系统观。生态是统一的自然系统，是相互依存、紧密联系的有机链条。人的命脉在田，田的命脉在水，水的命脉在山，山的命脉在土，土的命脉在林和草，这个生命共同体是人类生存发展的物质基础。必须统筹兼顾、整体施策、多措并举，全方位、全地域、全过程开展生态文明建设。

法治观

"用最严格制度最严密法治保护生态环境"的法治观。小智治事，大智治制。只有实行最严格的制度、最严密的法治，才能为生态文明建设提供可靠保障。必须加快制度创新，强化制度执行，让制度成为刚性的约束和不可触碰的高压线，才能确保生态文明建设决策部署落地生根见效。

共治观

"建设美丽中国全民行动"的共治观。生态文明建设同每个人息息相关。必须通过多种喜闻乐见的生态文明宣传教育活动，把公众的生态环境意识转化为保护生态环境的自觉行动，推动形成绿色发展和绿色生活方式，汇聚起全社会共同建设美丽中国的强大合力。

全球观

"共谋全球生态文明建设"的全球观。生态文明建设关乎人类未来,建设绿色家园是人类的共同梦想,保护生态环境、积极应对气候变化是世界各国共同的责任。必须深度参与全球环境治理,推动国际社会高度重视应对气候变化,积极引导国际秩序变革方向,形成世界环境保护、应对气候变化和可持续发展的解决方案。

中华民族向来尊重自然、热爱自然,五千年中华文明史孕育了丰富的生态文化,先哲的朴素思想烛照千秋。《孟子》说:"不违农时,谷不可胜食也;数罟不入洿池,鱼鳖不可胜食也;斧斤以时入山林,材木不可胜用也"。《资治通鉴》说:"取之有度,用之有节,则常足;取之无度,用之不节,则常不足"等。这些农业文明下的生态思想,朴素又深刻,告诫着人们:要按自然规律活动,否则必伤自身。

古代关中的兴衰就是例证。关中山环水绕、土地肥沃,号称"天府之国"。核心城市西安贵为十三朝古都,但是人口爆炸式发展和过度开垦让资源环境不堪重负,以致隋唐不得不依靠大运河从江南输粮,加之战乱、人口迁移等因素,唐末以后关中一蹶不振。

放眼世界,"生态兴则文明兴,生态衰则文明衰"的思想也得到了印证。农业文明时期,四大文明古国无不坐享优越自然条件,但无度索取造成土地荒漠化,导致了古埃及、古巴比伦的衰落。科技进步推动工业革命,带来资本主义大发展,却也造成环境污染、疫病流行、人民体质退化等问题。马克思指出,科技进步提升人类福祉,但也加剧了人与自然的冲突,根源在于资本主义制度下科技与资本的联姻。这也是工业文明逐渐衰落的根本所在。

垃圾分类，文明你我

走向生态文明的垃圾分类

中国作为负责任的大国，在生态文明建设上高瞻远瞩，在垃圾分类这件"关键小事"上更有具体导向：环境就是民生！

开展垃圾分类就是培养好习惯，就是为改善生活环境做努力，是为绿色发展、可持续发展做贡献。

北京市政府多次指出：要以首善标准推进垃圾分类，深入推动文明习惯养成，将垃圾分类要求纳入市民文明公约，坚持从娃娃抓起，小手拉大手，促进垃圾减量。

早在20世纪中叶，北京市就率先提出"垃圾分类"，1957年7月12日的《北京日报》头版头条刊出《垃圾要分类收集》的文章，引得全球很多国家前来取经。由此看来，开展垃圾分类我们是有基础的。垃圾作为世界上唯一一种永不枯竭、不断增长的资源，将伴随我们生命生活而存在，不会因生命的消逝而消亡，很多垃圾比我们人类的寿命长，它们以各种形态存在于人类的生存空间。随着科技的进步，垃圾的种类日益繁多，这些源源不绝产生的垃圾有很大的利用与转化空间，合理地进行分类、回收、再利用，发挥它们最大的价值，是人与环境友好的起点与终点。

做好垃圾分类是我们每个人的责任与义务，是"功在当代，利在千秋"的伟业，是指向生态文明建设的起点。以时代为己任，以责任为担当，不谋万世者，不足谋一时，不谋全局者，不足谋一域，生态环境保护以垃圾分类为抓手，让我们在举手投足间做好"关键小事"，给子孙后代留下天蓝、地绿、水净的美好家园，是对中国自身负责，也是对世界负责，更是对未来负责。

天地和谐利国民

垃圾分类，文明你我

人地和谐 永续共生

　　人是万物之灵，在整个地球环境之中，人是最具灵性和最具智慧的生物。但是如果我们把人当成是世界的主人，当成是世界的主宰，那就大错特错了。

人类与环境有着怎样的关系呢？

垃圾在土地中自然降解

　　我们从一张简单的图说起：环境是指周围事物的境况。周围事物是相对某一项中心事物而言的。上图中的环境是以人类为中心的环境，也称地理环境，它包括自然环境和社会环境两部分。自然环境是由日光、大气、水、岩石、矿物、土壤、生物等自然要素共同组成的。社会环境是人类在自然环境的基础上，通过长期有意识的社会劳动所创造的人工环境，如，村庄、农田、养殖场、城市、工矿区、疗养区、风景游览区等。

从左右两组箭头看，人类通过生产活动，从环境中获取空气、水、煤炭、石油、粮食等物质和能量；同时通过生产消费和生活消费活动，以废气、废液、固体废弃物、热、噪声、电磁波等形式，把获得的物质和能量排放到环境中。其中固体废弃物就是我们日常丢弃的垃圾。

环境对于这些废弃物具有容纳、清除和改变的能力。环境会把它所受到的影响反过来作用于人类本身，这种作用在图中表现为上下两组箭头，分别代表着环境对人类的两种反馈作用，一种是良性的反馈作用，一种是恶性的反馈作用。

人类社会是在与环境互相制约，互相影响中，共生共存共同发展的。

在这个漫长的发展进程中，人类认识、利用和改造环境的范围及程度越来越大、越来越强，这不仅取决于生产力水平的提高，同时还受到"人地关系"思想的影响。

"人地关系"思想经历了怎样的变化呢？

"人地关系"思想发展的历史进程

垃圾分类，文明你我

从原始社会到现代社会，"人地关系"思想经历了"崇拜自然——改造自然——征服自然——谋求人地协调"的历史演变过程。

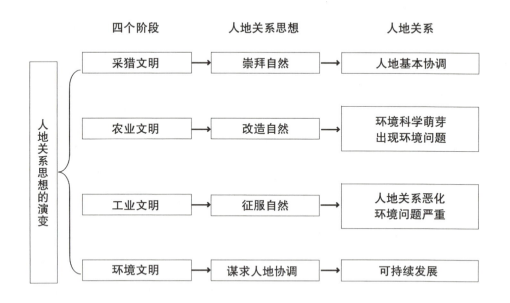

"人地关系"思想的历史演变

采猎文明时期，人类崇拜自然，人地关系基本协调；农业文明时期，人类改造自然，局部出现环境问题，也产生了环境科学的萌芽；到了工业文明时期，特别是工业革命以后，人类试图成为环境的主宰，导致了"人地关系"的全面不协调，人地矛盾激化，局部地区的环境污染演变为环境公害事件。

工业文明时期的环境污染

> **拓展阅读**

　　八大公害事件，是随着现代化学、冶炼、汽车等工业的兴起与发展，工业"三废"排放量的不断增加，环境污染和生态破坏事件频频发生。20世纪30年代至60年代，发生了八起震惊世界的公害事件，在短时期内造成大量人群发病和死亡，给人类带来了灾难性后果。

　　（1）比利时马斯河谷烟雾事件（1930年12月），致60余人死亡，数千人患病。

　　（2）美国多诺拉镇烟雾事件（1948年10月），5910人患病，17人死亡。

　　（3）伦敦烟雾事件（1952年12月），短短5天致4000多人死亡，事故后的两个月内又因事故得病而死亡8000多人。

　　（4）美国洛杉矶光化学烟雾事件（二战以后的每年5—10月），烟雾致人五官发病、头疼、胸闷，汽车、飞机安全运行受威胁，交通事故增加。

　　（5）日本水俣病事件（1952—1972年间断发生），共计死亡50余人，283人严重受害而致残。

　　（6）日本富山骨痛病事件（1931—1972年间断发生），致34人死亡，280余人患病。

　　（7）日本四日市气喘病事件（1961—1970年间断发生），受害人2000余人，死亡和不堪病痛而自杀者达数十人。

　　（8）日本米糠油事件（1968年3—8月），致数十万只鸡死亡、5000余人患病、16人死亡。

垃圾分类，文明你我

面对人口激增、资源欠缺、环境污染、生态破坏，人类反省自身的思想和行为，20世纪70年代以来，可持续发展的思想逐步形成并得到公认，人类开始重新谋求人地和谐，这需要我们改变思维方式和行为习惯，共同参与。尊重环境，尊重资源，保护人类赖以生存的地球。

2019年5月，北京市开始实施《北京市生活垃圾管理条例》，实施生活垃圾分类，创建美好生活家园。这就是我们"谋求人地和谐"的一项公众参与措施和行为。

实施生活垃圾分类　创建美好生活家园

天地和谐利国民

日常行为 影响自身

我们日常使用大量的塑料袋、塑料瓶等塑料制品，然后随手丢弃到环境中，变成塑料垃圾，并造成"白色污染"，也许你没有想到的是：这些塑料垃圾最终会侵入人体，危害我们的身体，甚至危害子孙后辈的健康。

塑料垃圾是如何侵入人体的呢？

📖 **拓展阅读**

如果说我们扔掉的塑料垃圾，最后还是被我们自己吃进肚子里了，你一定觉得不可思议吧，但是事实确实如此。我们扔掉的塑料垃圾多数的归宿是大海，而那些难以分解的塑料又会被动物吃进肚子里，变成难以分解的塑料微粒留在动

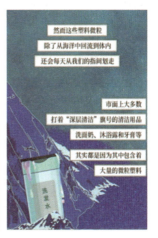

塑料垃圾侵入人体的过程

物体内。而这些动物又再一次地被端上你的餐桌。

如果再不加以控制,在未来短短十年之内,海洋中的塑料废物就可能达到3亿吨之多。目前已有超过270种动物被塑料缠身而亡,仅仅是海龟,每年就会因此死亡1000多只;因误食塑料死亡的动物也超过了240种,从海鸟到鲸鱼都有。你随意丢弃的每一块塑料垃圾,都可能成为大自然和海洋中的生命杀手,因为动物们很容易将它误认是食物,一旦误食,塑料就会阻塞它们的内脏,让它们活活饿死!

据统计,目前世界上生产的塑料,仅有20%被回收利用,一半以上的塑料制品则被焚烧或送进垃圾填埋场,到2030年,燃烧塑料释放的二氧化碳将增加两倍之多,而燃烧产生的化合物可致心脏相关的疾病。

这一切不免让人感到痛心,塑料从诞生至今,不过才一百多年,但已经渗透到我们衣食住行的各个方面。那些被我们丢掉的塑料垃圾,看似消失了,其实正在一步步地进入我们的身体,甚至危害子孙后代的健康。我们能做的就是自备环保购物袋,尽量不用塑料袋。携带可重复使用的水瓶、使用可重复利用的餐盒、拒绝使用一次性餐具、拒绝过度包装,实施垃圾分类,同时增加物资使用频率,减少垃圾排放量。从而达到垃圾减量。

随手丢弃垃圾将导致灾害发生

正如下图所表达的那样,人类与环境互相影响、互相制约。当人类通过消费活动向环境中排放的废弃物数量、成分等,超过了环境所能容纳、清除和改变的能力时,环境就会将其所受到的影响反作用于人类,产生恶性影响,从而造成环境污染,甚至导致灾害的发生。

A 资源索取速度＞资源再生速度

产↓生

资源短缺、生态破坏

表↓现

水资源、土地资源、矿产资源短缺；水土流失、土地荒漠化、生物多样性减少等

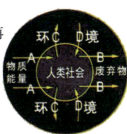

B 废弃物排泄量＞环境自净能力

产↓生

环境污染

表↓现

大气污染、水污染、土壤污染、噪声污染、固体废弃物污染、海洋污染、放射性污染

环境问题产生的原因及表现

仍以塑料垃圾为例，塑料垃圾在分解的过程中会产生许多二氧化碳，一份报告曾预测，2019年全球的塑料分解将产生8.5亿吨二氧化碳，按照这个速度，预计2030年将产生13.4亿吨二氧化碳，2050年将产生560亿吨二氧化碳，大概相当于地球14%的碳储量。

塑料分解过程产生的碳排放

而大气中的二氧化碳每增加1倍，全球平均气温将上升1.5~4.5℃，两极地区将升高10℃，这就是温室效应。温室效应会带来许多灾难，比如干旱、两极冰川融化、海平面升高等。

垃圾分类，文明你我

📖 **拓展阅读**

　　如果地球平均气温上升1℃，将会使高山的冰川和极地的海冰融化，海洋中的珊瑚礁白化，高山植物枯萎……

　　如果地球平均气温上升2℃，将会给人类社会的生产和生活带来严重的影响，全球将面临海平面上升、气候异常现象增加、农作物减产、水资源短缺、洪水灾害加剧、疾病增多、物种灭绝等问题。

　　如果地球平均气温上升3℃，将会使海洋大循环停止，永久性冻土地带融化，冻土层中所含的甲烷气体将被大量释放，热带雨林将净排放温室气体，进一步加剧气候变暖，导致地球生态系统的调节发生异常。

　　我们日常丢弃的垃圾，目前主要的处理方式是焚烧或者填埋。但由于每天产生的垃圾数量庞大，许多垃圾得不到及时处理，仅仅是集中堆放，特别是在人口密集的城市周围竟然出现了"垃圾围城"的怪现象，这些大量堆放的垃圾不仅占用大量土地，影响城市景观，甚至污染生活环境，污染与我们生存息息相关的大气环境、水环境和土壤环境（见下图），进而影响城乡居民的身体健康。

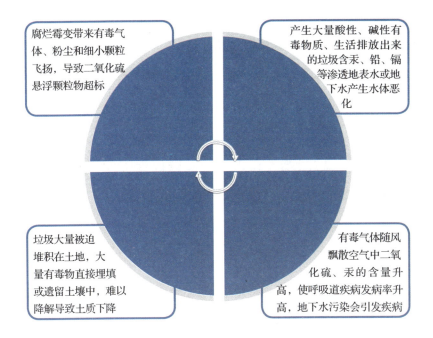

垃圾堆放引发的危害

垃圾已成为人类发展过程中的一个棘手问题。垃圾不仅造成环境公害，更造成资源的严重浪费。

垃圾分类，文明你我

理念转化 持续发展

资源问题、环境问题是在人类的发展过程中产生的，必须在发展过程中解决，需要寻找一条可持续发展之路。

✏️ **名词解释**

可持续发展是既能满足当代人的需要，又不对后代人满足其需要的能力构成危害的发展。

如何寻找可持续发展之路？

环境问题主要来自资源利用和废弃物处理两大方面。当人类对自然资源索取的速度超过了自然资源的再生速度时，当人类向环境排放废弃物的数量超过了环境的自净能力时，就会产生一系列环境问题，因而解决环境问题的途径就应当从资源的利用和废弃物的处理两大方面入手。

工业文明时期人地矛盾最为尖锐，如何寻找可持续发展之路？以钢铁工业为例，钢铁工业在生产过程中可能造成的大气污染、水污染、固体废弃物污染（见下图）。

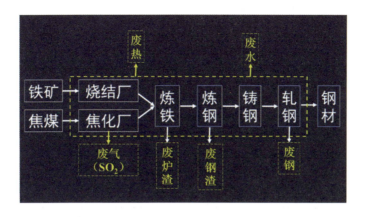

钢铁工业生产过程可能造成的环境污染

能否从生产过程的每个环节减少对环境的污染和对资源的浪费呢？答案是肯定的。把不同形式的废弃物回收利用，煤气100%回收利用；余热、蒸汽100%回收利用；蒸汽能、压力能100%应用于循环发电；废水和固体废弃物100%回收利用，可以做到零排放。这样的生产过程被称为清洁生产。

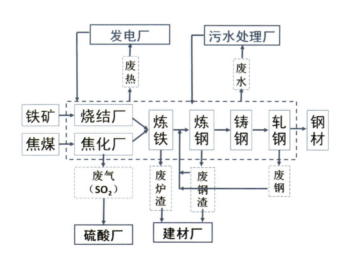

改造后的钢铁工业生产过程示意图

比较以上两图不难看出，改造后的钢铁工业生产过程与一般钢铁工业生产过程，从资源利用和废弃物处理两大方面发生了较大的变化，资源得到了综合利用，减少了废弃物和污染物的排放，减缓了对自然资源的耗竭。做到了"减量化""再利用""资源化"，实现了由传统经济向循环经济的转变。

传统经济与循环经济

项目	传统经济	循环经济
资源利用方式	高强度利用	减量化
资源利用率	一次性利用、利用率低	再利用
废弃物处理	废弃物大量排放	资源化
物质流动	单向流动	循环流动
结果	获得经济效益同时带来环境问题	获得经济效益同时保护环境

✏️ **名词解释**

清洁生产：是一种将污染预防扩展到整个生产过程的生产方式。按照联合国环境规划署的定义，清洁生产是指将综合预防的环境战略，持续地应用于生产过程和产品中，以便减少对人类和环境的风险。

循环经济：是一种建立在资源回收和循环再利用基础上的经济发展模式。其原则是资源使用的减量化、再利用、资源化再循环。其生产的基本特征是低消耗、低排放、高效率。

从"改造后的钢铁工业生产过程示意图"中我们可以看到，废弃物的回收利用，提高了资源的利用率，减少了废弃物的排放，获得了生态效益；通过对资源的综合利用和废弃物的再利用，延长了产业链，提高了经济效益；通过延长产业链，增加了就业岗位，获得了社会效益。由此可见，发展循环经济是实施可持续发展的重要途径。

实施垃圾分类促进资源再生。

早期的垃圾处理大多是以填埋为主。而一般垃圾在土地中自然降解的时间都很长，一些垃圾的自然降解速度甚至远远超过人口的再生速度。

垃圾在土地中自然降解的时间

目前的垃圾处理大多是以焚烧与填埋为主。根据《中国统计年鉴2016》显示，2015年我国垃圾无害化处理总量为18,013万吨，其中填埋量11,483.1万吨，占总量的64%。填埋之法简单粗放，与其说是处理，不如说是转移，可谓"贻害子孙"。

2020年5月1日起，新修订的《北京市生活垃圾管理条例》正式实施。条例所称生活垃圾，包括单位和个人在日常生活中或者为日常生活提供服务的活动中产生的固体废物，以及法律、行政法规规定视为生活垃圾的建筑垃圾等固体废物。危险废物、医疗废物、废弃电器电子产品按照国家相关法律、法规和本市其他有关规定进行管理。

实施垃圾分类,不仅关系到保护生态环境,也关系到节约宝贵的资源,更是我们谋求人地和谐的一项重要举措。

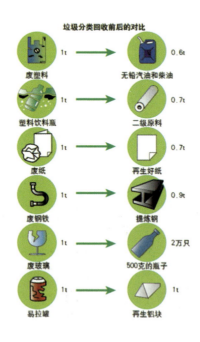

垃圾分类回收可利用

实施垃圾分类之后,不论是填埋还是焚烧,都能将原本的垃圾或多或少地转变为资源。垃圾分类就是为了将废弃物分流处理,利用现有的生产制造能力、回收再生技术,回收利用可以再生的回收物品,包括物质再利用和能量再利用,填埋或者焚烧暂时无法被利用的垃圾。同时,在资源的使用中,我们还是要注意节约,提高资源重复使用的频率,少用、最好不用一次性生活用品,减少排放,杜绝浪费。

天地和谐利国民

致敬经典 共创和谐

随着时代的发展，人们更加关注人口、资源、环境和发展的相互协调，呼唤生态文明，重新思考人类与环境的关系，探寻可持续发展道路。

中国古代哲学思想中已有强调人地关系的意识，提出"道法自然""天人合一""万物一体""民胞物与"等理念，这些哲学思想蕴涵着深刻的生态智慧。强调人类要遵循自然规律，强调人与自然的和谐与平等。

拓展阅读

"人法地，地法天，天法道，道法自然。"这句话有着比较平民化的真实意义："人效法大地，地效法上天，天效法道，道效法着整个大自然。"也就是说，整个大自然，都是在"道"的管理下，按照一定的法则在运行。

"道法自然"是老子为我们提供的最高级的方法论。"道法自然"也就是说万事万物都受自身规律的支配。这包括自然之道、社会之道、为人之道。

中国古代除了丰富的生态保护思想外，古人还进行了大量的生态保护实践，建造了不少充满生态智慧的"生态"工程。比如：灌溉成都平原的都江堰、连通两江的广西灵渠、沟通南北的大运河等古代水利工程,都蕴藏有"人法地,地法天,天法道,道法自然"的生态智慧。这些伟大的工程先后经历了两千年以上的拓建与经营,迄今仍然为我们提供灌田、水运、调洪、济水之利。

我们的身边也有这样的智慧工程——北京市北海公园团城内的雨洪利用工程,其结构巧妙、布局合理,蕴涵着丰富的科学原理和朴素的环保思想。

撬开地砖方见古人集雨匠心

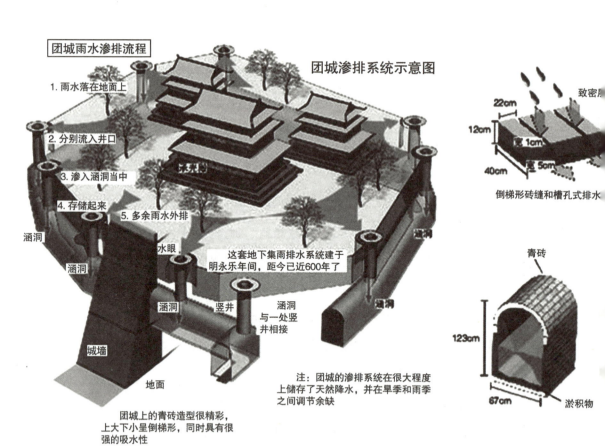

团城渗排系统示意图

北京市北海公园内，有一个高出地面四五米、面积不过六千平方米的小小团城。这里生长着数十棵根深叶茂的古树。一次给古树施肥时，当工人们撬开地砖，站在一边的专家们注意到地砖的形状挺特别，它的截面不像普通地砖那么方方正正，而是上大下小，呈倒梯形。铺设这种形状的地砖是否别有用意？

通过仔细观察发现：团城内大部分地面铺设这种地砖，砖与砖之间留有缝隙，没有灰浆粘连(称为"干铺"或"干码")，缝隙上窄下宽。团城地势北高南低，城北的砖较厚，表面有一层两三厘米厚的致密层，砖体表面积大；城南的砖稍薄，没有致密层，砖体遍布气孔，砖体表面积小。

干铺的倒梯形方砖之间留有上窄下宽的缝隙，缝隙之间的土壤相当于"裸露"的地面，便于雨水迅速下渗，利于古树根系的生长。团城内有九个入水井口与地下涵洞相通，涵洞使植物在多雨时不致积水烂根，在天旱时不致缺水干枯。这就使得团城在没有现代喷淋技术的情况下，一直郁郁葱葱了数百年！

分布在北海公园团城各处的渗水口

📖 **拓展阅读**

中国古代农民蓄养地力的耕种方法

汉武帝时期的"代田法"。即在每亩地上挖三条沟，每条沟旁各有一条垄。作物种在沟中，垄和沟每年互换位置，今年的垄变为明年的沟，今年的沟变为明年的垄，这样能够保持地力不致衰竭，而又每年都可利用，不必整块土地休耕。

南北朝时期的"美田之法"。农民将粮、豆、瓜、菜等作物进行套种、间种、连作和轮作，以提高农业生产效率。同时还发明了把豆科作物当作绿肥进行轮作，以翻压肥田的方法，《齐民要术》称之为"美田之法"。此后历代农民都广泛采用绿肥种植技术。

人类社会的发展已迈进生态文明时代，我们需要学习古代先哲的生态智慧，同时转变我们的思想和行为，以适应新时代的发展要求。

如今秉承古人"天人合一"的哲学思想，以地表景观环境保护、土地资源利用、人居环境塑造和提供健康的生活、居住环境为目标的生态城市、生态家园建设不断涌现。

通往自然的轴线——"奥林匹克森林公园"

北京奥林匹克森林公园设计的主题是"通往自然的轴线"。旨在让人们沿着中轴线从南往北，在经历过中国古典建筑的气势恢宏和奥运场馆等现代设计的视觉惊艳后，进入一幅中国传统山水画卷之中。人类的壮举与拼搏在这里都完美地消融在自然山水之中，这里有"虽由人作，宛自天开"的山形水系，这里"山环水抱，起伏连绵，负阴抱阳，左急右缓，左峰层峦逶迤，右翼余脉蜿蜒"。

奥林匹克森林公园全面应用了先进的生态科学技术，做到了生态保护与生态功能的恢复，并继承了中国传统的古典园林设计理念，以自然为基础，以人为核心，在北京这座现代化大都市中形成了人与自然和谐共生的生态园林。

北京奥林匹克森林公园

废墟里飞出的凤凰——"南湖城市中央生态公园"

河北省唐山市素有"北方煤都"之称，也是"中国近代工业摇篮"，但是随着煤炭资源的持续开采，唐山市的地质结构、生态环境都受到了不同程度的破坏和污染。唐山市的"南湖"原来是一个经过130多年挖掘形成的采煤塌陷区，是一个经过30多年堆填形成的城市垃圾填埋场。过去的南湖，地面塌陷、污水横流、杂草丛生、垃圾遍地，曾经是一道工业的疤痕。

南湖的修复建设，没有采用改善此类地区环境的通常做法：填埋、焚烧、强行绿化等。而是通过比较全面的生态适宜性评价，摸清场地的地质稳定性、生态基底状况以及建设力度的适宜性等，在此基础上，将城市开发建设与生态修复改造相融合，分区块营造出一个安全、开放、舒适的城市生态园区。

北部园区地质已基本稳沉，以大型自然山水景观的构建为主，设置休闲、娱乐场所，提供办公、居住、活动空间，为市民提供良好的游憩环境。

南部园区因受地质沉降的影响，采用"动态设计"，以生态保护和生态恢复功能为主，以自然景观为主，净化水质，改良土壤，为野生动植物资源营造良好的栖息环境。

"南湖城市中央生态公园"的设计是以"凤凰"为文化主题，展示新唐山奋勇腾飞的精神和意志。园区西部的凤凰台则是一处标志性景观，这里曾经是经过30多年的垃圾堆积而形成的垃圾山，也是南湖综合治理的重点工程。通过运用先进的工程技术，对沼气、渗液进行收集和处理，使垃圾山的各种污染物达到了零排放；通过全面整治，拉网固渣、覆盖黄土、封场绿化、植树种花、建造亭台，使昔日臭气熏天的垃圾山变成了如今环境优美的凤凰台。

北京奥林匹克森林公园

> **拓展阅读**
>
> 唐山南湖（唐山世园会）十六景之凤凰涅槃
>
> 凤凰台占地面积13.2公顷，核心山体高53.56米。凤凰台是绿树和鲜花掩映的观景平台，被誉为"化腐朽为神奇的神来之笔"。凤凰台上建有凤凰亭，设计以灵巧、通透的建筑样式与瑰丽的山水相关联。取义于"箫韶九成·凤凰来仪"，以期盼唐山安定祥和、繁荣昌盛。

人与自然是生命的共同体，人类必须尊重自然、顺应自然、保护自然，改变我们原有的思维方式和行为习惯，才能促进人与自然和谐共生。

可回收物 Recyclable
 有害垃圾 Hazardous Waste
 厨余垃圾 Food Waste
 其他垃圾 Residual Waste

勤俭节约传美德

垃圾分类，文明你我

美德故事话节俭

> **导语：**
>
> 　　古人云："俭，德之共也；侈，恶之大也"。勤俭节约是中华民族的传统美德。小到一个人、一个家庭，大到一个国家、整个世界，要想生存，要想发展，都离不开"勤俭节约"这四个字。自古至今，名人贤士都将勤俭节约作为自己的人生准则。诸葛亮把"静以修身，俭以养德"作为修身之道；朱子将"一粥一饭，当思来之不易；半丝半缕，恒念物力维艰"当作齐家训言；毛主席以"厉行节约，勤俭建国"为治国经验……那么，就让我们来看一看古今中外名人贤士是如何做到勤俭节约的。

名人故事

故事一：四菜一汤的朱元璋

　　朱元璋的故乡凤阳，还流传着四菜一汤的歌谣：皇帝请客，四菜一汤，萝卜韭菜，着实甜香；小葱豆腐，意义深长，一清二白，贪官心慌。朱元璋给皇后过生日时，只用红萝卜、韭菜，青菜两碗，小葱豆腐汤，宴请众官员。而且约法三章：今后不论谁摆宴席，只许四菜一汤，谁若违反，严惩不贷。

故事二：精打细算的苏轼

唐宋八大家之一的苏轼 21 岁中进士，前后共做了 40 年的官，做官期间他总是注意节俭，常常精打细算过日子。公元 1080 年，苏轼被降职贬官来到黄州，由于薪俸减少了许多，他穷得过不了日子，后来在朋友的帮助下，弄到一块地，便自己耕种起来。为了不乱花一文钱，他还实行计划开支：先把所有的钱计算出来，然后平均分成 12 份，每月用一份；每份中又平均分成 30 小份，每天只用一小份。钱全部分好后，按份挂在房梁上，每天清晨取下一包，作为全天的生活开支。拿到一小份钱后，他还要仔细权衡，能不买的东西坚决不买，只准剩余，不准超支。积攒下来的钱，苏轼把它们存在一个竹筒里，以备不时之需。

故事三：毛主席的节俭生活

电视纪录片《毛泽东》中有这样一个镜头：毛泽东的保健医生拿起一条毛泽东生前用过的毛巾毯，上面满是补丁。他说他曾多次劝主席换条新的，都被拒绝了。毛主席曾说："一条毛巾毯我换得起，但共产党人艰苦奋斗精神丢不起。"这是毛泽东真实生活的写照。毛泽东在延安时穿的一套旧军装洗得发白，补丁就有 16 块。他的一双旧拖鞋，鞋底都出了洞，鞋帮绽了线，缝补好继续穿。

故事四：周总理的睡衣

邓奶奶七十多岁了。她戴着老花镜，安详地坐在沙发上，给我们敬爱的周恩来总理补睡衣。睡衣上已经有好几个补丁了。这一回，邓奶奶又穿上了线，右手捏着针，略略抬起，左手在熟练地打结。她是多么认真啊。一位年轻的护士，双手捧着周总理的睡衣，望着补丁上又匀又细的针脚，眼睛湿润了。面前的小凳子上摆着个针线笸箩，笸箩里放着剪刀、线团、布头和针线包。针线包上绣着个红五星，特别引人注目。多年来，邓奶奶随身带着它，一直带到了北京。从什么时候起，她就有了这个针线包呢？从延安的窑洞里，从重庆的红岩村，也可能从二万五千里长征的路上。

故事五：不为物欲所惑的钱学森

我国著名科学家钱学森非常节俭，他用的包，是从国外带回来的，一用就是40年；他回国后，组织分了他一套普通三居室，他一住就是50年；钱学森留下的遗物中，竟然有11把用胶布粘过的蒲扇。2000年后，北京很多家庭都装上了空调，但钱学森依然在使用蒲扇度过炎热的夏天。《感动人物》中对钱学森是这样评价的：大千宇宙，浩瀚长空，全纳入赤子心胸。惊世两弹，冲霄一星，尽凝铸中华豪情，霜鬓不坠青云志。寿至期颐，回首望去，只付默默一笑中。

故事六：节俭朴素的袁隆平

2001年12月的一天，袁隆平院士刚结束对委内瑞拉的应邀考察，就乘飞机直抵香港，出席被香港中文大学授予荣誉理学博士的仪式。平时穿着极随便的他根本没戴领带，为了出席正规场合穿西装配领带，他就和同行的人上街买领带，同伴都劝他买条金利来领带，他嫌贵，不肯买，拉着同伴到地摊上，买了一条十几元钱的领带。他拿过领带，在胸口上比试着，笑笑说："蛮漂亮嘛，怎么样，精神吧，这叫价廉物美，比名牌差不到哪里去……"

名人名言

节俭是你一生中食之不完的美筵。——爱默生

节约与勤勉是人类两个名医。——卢梭

历览前贤国与家,成由勤俭破由奢。——李商隐

夫君子之行,静以修身,俭以养德,非淡泊无以明志,非宁静无以致远。——诸葛亮

天下之事,常成于勤俭而败于奢靡。——陆游

奢者狼藉俭者安,一凶一吉在眼前。——白居易

不念居安思危,戒奢以俭;斯以伐根而求木茂,塞源而欲流长也。——魏徵

侈而惰者贫,而力而俭者富。——韩非

一粥一饭,当思来之不易;半丝半缕,恒念物务维艰。——《朱子家训》

强本而节用,则天不能贫。——荀况

居安思危,戒奢以俭。——魏征

民生在勤,勤则不匮,不可谓骄。——《左传·宣公十二年》

俭节则昌,淫佚则亡。——《墨子·辞过》

由俭入奢易,由奢入俭难。——司马光

惟俭可以助廉,惟恕可以成德。——《宋史·范纯仁列传》

取之有度,用之有节,则常足。——《资治通鉴》

锄禾日当午,汗滴禾下土。谁知盘中餐,粒粒皆辛苦。——李绅

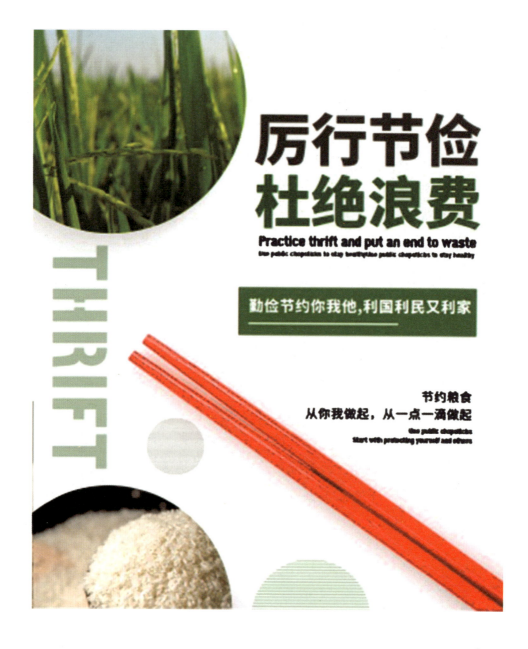

国家政策倡节俭

导语：

"历览前朝国与家，成由勤俭破由奢。"勤俭节约不仅是古代社会的基本要求，也是当代社会的内在诉求。现代文明强调珍视有限资源，提倡崇俭抑奢的价值观。总书记在不同场合多次强调艰苦奋斗、勤俭节约是中华民族的传统美德，铺张浪费则背离优良传统文化，败坏党风、政风和社会风气。此部分摘录了总书记近几年关于厉行勤俭节约，反对铺张浪费的部分重要论述。

厉行勤俭节约，反对铺张浪费，总书记这样说——

▼弘扬中华民族传统美德，勤劳致富，勤俭持家

要弘扬中华民族传统美德，勤劳致富，勤俭持家。要发扬中华民族孝亲敬老的传统美德，引导人们自觉承担家庭责任、树立良好家风，强化家庭成员赡养、扶养老年人的责任意识，促进家庭老少和顺。

——在深度贫困地区脱贫攻坚座谈会上的讲话（2017年6月23日）

要积极传播中华民族传统美德，传递尊老爱幼、男女平等、夫妻和睦、勤俭持家、邻里团结的观念，倡导忠诚、责任、亲情、学习、公益的理念，推动人们在为家庭谋幸福、为他人送温暖、为社会做贡献的过程中提高精神境界、培育文明风尚。

——在会见第一届全国文明家庭代表时的讲话（2016年12月12日）

要保持艰苦奋斗本色，不丢勤俭节约的传统美德，不丢廉洁奉公的高尚操守，逢事想在前面、干在实处，关键时刻坚决顶起自己该顶的那片天；都要认真践行党的宗旨，努力提高宣传群众、组织群众、服务群众的能力和水平。

——在江西调研考察时的讲话（2016年2月2日）

▼树立勤俭节约的消费观

倡导推广绿色消费。生态文明建设同每个人息息相关，每个人都应该做践行者、推动者。要强化公民环境意识，倡导勤俭节约、绿色低碳消费，推广节能、节水用品和绿色环保家具、建材等，推广绿色低碳出行，鼓励引导消费者购买节能环保再生产品，推动形成节约适度、绿色低碳、文明健康的生活方式和消费模式。要加强生态文明宣传教育，把珍惜生态、保护资源、爱护环境等内容纳入国民教育和培训体系，纳入群众性精神文明创建活动，在全社会牢固树立生态文明理念，形成全社会共同参与的良好风尚。

——在十八届中央政治局第四十一次集体学习时的讲话（2017年5月26日）

推动能源消费革命，抑制不合理能源消费。坚决控制能源消费总量，有效落实节能优先方针，把节能贯穿于经济社会发展全过程和各领域，坚定调整产业结构，高度重视城镇化节能，树立勤俭节约的消费观，加快形成能源节约型社会。

——在中央财经领导小组第六次会议上的讲话（2014年6月13日）

要大力节约集约利用资源，推动资源利用方式根本转变，加强全过程节约管理，大幅降低能源、水、土地消耗强度。要控制能源消费总量，加强节能降耗，支持节能低碳产业和新能源、可再生能源发展，确保国家能源安全。要加强水源地保护和用水总量管理，推进水循环利用，建设节水型社会。

——在十八届中央政治局第六次集体学习时的讲话（2013年5月24日）

▼要坚持勤俭办一切事业，坚决抵制享乐主义和奢靡之风

廉洁办奥，就要勤俭节约、杜绝腐败、提高效率，坚持对兴奋剂问题零容忍，把冬奥会办得像冰雪一样纯洁无瑕。

——在北京城市规划建设和北京冬奥会筹办工作座谈会上的讲话（2017年2月24日）

要着力加强后勤科学管理，坚持勤俭建军，强化财力资源集中统管，加强军队资产统一调配使用，完善科学标准体系，推进管理革命。

——在中央军委后勤工作会议上的讲话（2016年11月9日）

要坚持勤俭办一切事业，坚决反对讲排场比阔气，坚决抵制享乐主义和奢靡之风。要大力弘扬中华民族勤俭节约的优秀传统，大力宣

传节约光荣、浪费可耻的思想观念，努力使厉行节约、反对浪费在全社会蔚然成风。

——在第十八届中央纪律检查委员会第二次全体会议上的讲话（2013年1月22日）

抓改进工作作风，各项工作都很重要，但最根本的是要坚持和发扬艰苦奋斗精神。唐代诗人李商隐在《咏史》一诗中写道："历览前贤国与家，成由勤俭破由奢。"能不能坚守艰苦奋斗精神，是关系党和人民事业兴衰成败的大事。

——在第十八届中央纪律检查委员会第二次全体会议上的讲话（2013年1月22日）

▼努力使厉行节约、反对浪费在全社会蔚然成风

餐饮浪费现象，触目惊心、令人痛心！"谁知盘中餐，粒粒皆辛苦。"尽管我国粮食生产连年丰收，对粮食安全还是始终要有危机意识，今年全球新冠肺炎疫情所带来的影响更是给我们敲响了警钟。

——2020年8月，对制止餐饮浪费行为做出重要指示

无论我们国家发展到什么水平，不论人民生活改善到什么地步，艰苦奋斗、勤俭节约的思想永远不能丢。艰苦奋斗、勤俭节约，不仅是我们一路走来、发展壮大的重要保证，也是我们继往开来、再创辉煌的重要保证。

——2019年3月5日，在参加十三届全国人大二次会议内蒙古代表团审议时发表的讲话

广大干部群众对餐饮浪费等各种浪费行为特别是公款浪费行为反映强烈。联想到我国还有为数众多的困难群众,各种浪费现象的严重存在令人十分痛心。浪费之风务必狠刹！要加大宣传引导力度,大力弘扬中华民族勤俭节约的优秀传统,大力宣传节约光荣、浪费可耻的思想观念,努力使厉行节约、反对浪费在全社会蔚然成风。

——2013年1月17日,在新华社《网民呼吁遏制餐饮环节"舌尖上的浪费"》材料上的批示

垃圾分类，文明你我

生活妙招学节俭

导语：

　　勤俭节约的美德如甘霖，能让贫穷的土地开出富裕的花；勤俭节约的美德似雨露，能让富有的土地结下智慧的果。在建设节约型社会中，我们要牢固树立"浪费也是腐败"的节约意识，形成"铺张浪费可耻，勤俭节约光荣"的良好氛围。作为新时代的公民，每一个人都要树立勤俭节约的意识，并身体力行，从节约一度电、一滴水、一张纸做起，从一个个细节、一件件小事做起，让勤俭节约成为一种时尚，一种风气。

南水北调——生态文明的当代杰作

　　整个华北平原之上，40多座大中城市、260多个县区、约1.2亿人也几乎不会感受到自己的生活、城市的命运因为一项史无前例的超级工程早已发生改变，这项工程就是"南水北调"。在中国，若以人均水资源量计算，最为"干渴"的并非是沙漠广布的西北地区，而是华北平原，尤其是京津冀地区，养育着全国8%的人口，贡献了全国10%的GDP，但人均水资源量却远远低于国际标准中人均500立方米的极度缺水红线。

在北京，供给城市生活用水的密云水库，仅 1999-2003 年的 4 年间库存水量就减少了 3/4，全市超过 70% 的用水量只能靠抽取地下水维持，北京平原地区的地下水位以每年 1 米的速度持续下降。

在济南，地下水的严重超采让大量的涌泉景观彻底消失，昔日的"泉城"即将名不符实，而在开采更为强烈的河北省部分地区，预计不到 20 年后便会面临无地下水可采的局面。尽管自 2003 年以后的 10 年里，北京通过各项节水措施，22% 的用水也已被再生水替代，但地表水稀缺的现实、用水量增长的趋势却依然难以改变，地下水位也依然在逐年下降。

中国的南北大地本应拥有相同的发展机会，但水资源的极度短缺却成了限制华北地区发展的枷锁，干渴的华北大地迫切需要新的水源，而千里之外浩瀚的长江多年平均径流量约 9,600 亿立方米，是黄河、淮河、海河三河总径流量的近 7 倍，长江之水能否北上？人们怀着一线希望，然而要建设一个跨越 1,000 多千米的调水工程又谈何容易？

早在 1952 年，南水北调的设想就已诞生，但直到 2002 年，经过长达半个世纪的努力，大到线路如何布局、规模如何设置，小到渡槽什么结构、管道什么材质的论证，工程的总体规划才正式出炉。南水北调的工程规模之大、涉及面积之广、覆盖人口之多均堪称史无前例。

因此，当 2013 年 11 月 15 日和 2014 年 12 月 12 日，东、中线一期工程先后通水，南来之水第一次涌入北方大地，便成为世界水利史上难以忘记的时刻！

截至 2019 年 10 月底，北京市平原区地下水位与 2014 年末南水北调水进京前相比已回升 2.88 米，地下水储量增加 14.8 亿方，多个干涸泉眼冒水，甘甜南水已经润泽北京城。

南水北调工程不仅遍布大量工程建设奇迹、技术创新奇迹，更是制度创新奇迹的生动体现。南水北调的成功，是生态文明建设的成功；让南水北调更多更好地造福民族、造福人民，坚持生态优先、绿色发展是决不能动摇的指挥棒。坚持先节水后调水、先治污后通水、先环保后用水的原则，是党和国家为南水北调工程确立的重大方针。我们必须加强运行管理，充分发挥工程综合效益，促进实现受水区与水源区互利共赢、共同发展。我们必须构筑资源节约与环境友好的绿色发展体系，深化水质保护，强抓节约用水，确保水质持续向好，确保生态文明效益持续显现。

节约用水。总书记在2020年11月视察南水北调工程时指出：南水北调是国之大事，我们要把实施南水北调工程，同北方地区节水紧密结合起来，以水定城，以水定业，注意节约用水，不能一边加大调水，一边随意浪费水。我国是一个淡水资源分布不均的国家，在日常生活中，我们一拧水龙头，水就源源不断地流出来，可能丝毫感觉不到水的危机。但事实上，我国有些地区已经处于严重缺水状态，而我们赖以生存的水资源，也正日益短缺。目前，全世界还有超过10亿的人口用不上清洁的水，并且，人类每年有310万人因饮用不洁水患病而死亡。可见，节约用水、保护水资源，是全世界、全社会共同的责任。那么作为一名普通市民，我们在生活中应该怎么节水呢？

节约用水小妙招

（1）洗蔬菜时不要一直开大水龙头，而是先在清水槽中洗干净再用水冲洗一遍。洗菜应先择后洗。不少家庭在洗菜前，先抖去菜上的浮土，然后再清洗，这样可以减少清洗的次数，也能起到节水作用。

（2）如果不用洗碗机清洗盘、碗，也不应直接用水冲洗。把要洗的食具先放入一个水槽洗净后，再放入另一个水槽快速冲洗。

（3）不要在中午浇花，因为中午阳光强烈，水易蒸发。天气凉爽时浇水，清晨为浇水的最佳时间。

（4）停水后，外出时要拧紧水龙头。及时进行排漏工作，注意家里的水表的情况，如发现问题，及时报修，避免拖延漏损。

（5）在购买家具时，可以购买节水器具，如节水龙头、节水型马桶、节水洗衣机等，也可以在水龙头上装个流水控制器，加强家庭节水管理。

（6）炊具、食具上的油污，先用纸擦除再洗涤可节水；洗涤蔬菜、水果时应控制水龙头流量，改连续冲洗为间断冲洗。

（7）衣物要集中洗涤，应尽量减少洗衣的次数；小件、少量的衣物提倡手洗可节约大量的水；洗涤剂要适量投放，过量投放将造成水的大量浪费。

（8）洗手、洗脸用水盆。用流动的水洗手、洗脸会浪费不少水，如果用脸盆洗手，就能减少不必要的浪费，而且还可以将使用后的水涮墩布、冲马桶。

（9）洗浴时，可间断放水淋浴，搓洗时及时关水，避免过长时间冲淋。盆浴后的水可用于洗车、冲洗厕所、拖地等。

（10）可以做到一水多用，洗脸水、洗脚水可以用来冲厕所，洗菜水、淘米水可以用来浇花或冲厕所。

节约用电。节约用电不是不用电，而是科学用电。电能是日常生活必不可少的能源，如今伴随着科技的日益进步，电子产品越来越多地出现在我们的日常生活中，在促进人们生活水平提高的同时，也带来了电能的消耗。因此日常生活中节约用电意义重大。

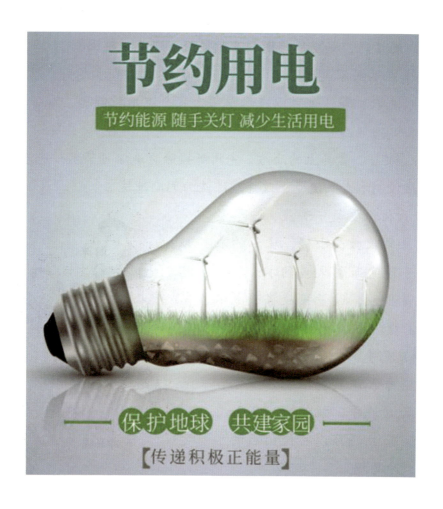

节约用电小妙招

（1）用节能灯替代普通白炽灯可节电70%~80%，而且节能灯的寿命是普通白炽灯的6倍以上。

（2）电器不使用时应切断电源，避免遥控开关、持续数字显示、唤醒等功能电路待机耗能，这约占家庭用电量的10%，如同昼夜常开一盏15瓦到30瓦灯。

（3）如果每天使用热水器，不要经常切断电源；如果3~5天或更长时间才使用1次，则用后断电是更为节能的做法。

（4）食物应先冷却降温再放入冰箱；冰箱内不要塞满食物，储藏量以八分满为宜；减少冰箱门开关次数及时间，每开1次冰箱门，压缩机需多运转10分钟才能恢复低温状态；冰箱内的温度调节挡应适中，不宜设成强冷。

（5）家用电热饮水机长时间保温耗电较多，用传统的真空瓶胆保温瓶省电、保温效果好。

（6）去除电水壶中电热管上的水垢，可提高加热效率，不仅省电，而且还能延长水壶的使用寿命。

（7）把洗好的米放在锅里浸30分钟，再用温水或热水煮，能省电30%。煮同量的米饭，700瓦的电饭煲比500瓦的电饭煲更省电省时。

（8）保持电饭锅电热盘的清洁，增强导热性能，可减少耗电量。

（9）在用微波炉加工的食品上加盖子，水分不易蒸发，省电味道又好。

（10）洗衣机"弱洗"比"强洗"费电，且"强洗"可延长电机寿命；洗衣后脱水2分钟之内即可，衣物在转速为每分钟1680转的情况下脱水1分钟，脱水率就可达55%，通过延长时间来提高脱水效果并不明显。

（11）充分利用室内受光面的反射性能，能有效提高光的利用率以节电。

（12）选购调温型电熨斗，升温快，达到设定温度后又会恒温，较省电。

（13）冬季的空调温度调至18℃或以下，夏季的空调温度调至26℃或以上，可以降低10%~15%的电力负荷，减少耗电量。

（14）及时清除吸尘器过滤袋中的灰尘，可减少气流阻力，降低电耗。

节约粮食。 民以食为天，食以粮为先。粮食是人类生存之本，是经济社会发展之基。改革开放以来，我国粮食产量大幅提高，依靠自己力量解决了14亿人的吃饭问题。但随着人们生活水平的不断提高，损失浪费粮食现象也十分惊人，每年损失浪费的粮食相当于2亿多人1年的口粮。节约粮食，反对浪费应成为我们每个公民的自觉行动，我们可以这样做。

节约粮食小妙招

（1）适量购买蔬菜粮食，避免不当储存产生的浪费。

（2）平时做饭买菜时要适量，算好吃饭的人数，计算好需要的量，从而减少浪费。

（3）聚会点餐不攀比，$N-1$点餐制（按照比用餐人数少一人进行点餐，不够再加），减量又减负。

（4）外出点餐不贪多，要适量，就餐倡导光盘行动，若有剩余打包随行。

（5）外卖可点小份菜、半份菜，单人套餐也是不错的选择，尽量减少一次性餐具的使用，减少污染和浪费。

（6）居家选择小规格餐具，烹饪食物少量多样。

（7）养成健康的用餐方式，不挑食、不偏食，这样既可以让自己的身体得到营养，同时也避免浪费。

（8）积极宣传节约理念，同身边人一起养成爱惜粮食的好习惯，杜绝舌尖上的浪费。光盘行动我们该怎么做？简单总结如下：第一，家庭聚会，不求排场因人适度，够吃即可；第二，外出宴请，拒绝好面子贪多量大，吃饱吃好，精致即可；第三，自助餐饮，因需取餐，少量多次，不暴饮暴食，美食即可；第四，在学校、单位用餐不挑食、不浪费，营养均衡应吃尽吃，健康即可；第五，家庭购买做到有计划，不囤积，少过期，杜绝浪费。

垃圾分类,文明你我

热点活动践节俭

导语:

　　勤俭节约是一场全民参与的活动。当今时代,随着政策的引导和媒体的宣传,大家慢慢意识到勤俭节约的重要意义,并主动积极地参与到一些活动中,如光盘行动、地球关灯一小时以及垃圾分类。我们相信,我们的一小步,就是社会的一大步。通过建立鼓励节约、杜绝浪费的长效机制,强化制度规范落实等,终会实现从"要我节约"到"我要节约"的转变,真正让勤俭节约成为全民的行动自觉。

行动一:光盘行动

　　"光盘行动"倡导厉行节约,反对铺张浪费,带动大家珍惜粮食、吃光盘子中的食物,得到从中央到民众的支持,成为2013年十大新闻热词、网络热度词汇,最知名公益品牌之一。

　　光盘行动由一个热心公

益的人发起,光盘行动的宗旨:餐厅不多点,食堂不多打,厨房不多做。养成生活中珍惜粮食、厉行节约、反对浪费的习惯。

正在推行的"光盘行动",试图提醒与告诫人们:饥饿距离我们并不遥远,而即便时至今日,珍惜粮食、节约粮食仍是需要遵守的古老美德之一。

行动二:地球一小时

地球一小时(Earth Hour)是世界自然基金会(WWF)应对全球气候变化所提出的一项全球性节能活动,提倡于每年3月最后一个星期六的当地时间晚上20:30,家庭及商界用户关上不必要的电灯及耗电产品1小时,以此来表明他们对应对气候变化行动的支持。

过量二氧化碳排放导致的气候变化目前已经极大地威胁到地球上人类的生存。所以只有通过改变全球民众对二氧化碳排放的态度,才能减轻这一威胁对世界造成的影响。地球1小时的目的在于激发地球人的环保意识,将环保深入人心化为思想,当思想化为行动,当行动变成习惯,那对于全球环保事业的贡献远远超过节约1个小时电的价值。

"地球一小时"不只是一个熄灯仪式。旨在鼓励个人和企业减少二氧化碳排放,积极采取行动应对气候变化。"地球一小时"更是一个节能理念,不论是在工作地点用电还是居家用电,都需要我们长期的努力和支持,时时提醒自己,关掉不必要的电灯,拔掉不需要的电源。

行动三：垃圾分类

2019年，垃圾分类入选"2019年中国媒体十大流行语"。

2019年7月1日起，《上海市生活垃圾管理条例》正式实施，上海开始普遍推行强制垃圾分类。住建部公布，将在全国46个重点城市推行垃圾分类。46个重点城市中的北京、上海、太原、长春、杭州、宁波、广州、宜春、银川九个城市已出台《生活垃圾管理条例》，明确将垃圾分类纳入法治框架，其中北京是首个立法城市。2020年5月1日起，《北京市生活垃圾管理条例》实施。让我们做好垃圾分类，用点滴行动为建设美好家园贡献一分力量。

健康养生显节俭

导语：

　　勤俭节约既是为人美德，也是持家之本、治国之宝，还是养生良策。古人罗大经在《鹤林玉露》中说："口腹之欲，何穷之有。每加节俭，亦是惜福延寿之道。"在古人看来，食俭则养神；心俭则养寿。过多欲望，反而让人陷入不安和焦虑，影响寿命。作为现代人，我们要学习一下古人节俭中的养生智慧，并将这种智慧应用到生活中，从而追求简约生活，崇尚节俭，抵制奢靡，养身怡性，益寿延年。

养生古法

　　食淡精神爽。——明代陈继儒《养生肤语》
　　【解释】人经常吃淡菜可感到精神爽快。

　　食后行百步，常以手摩腹。——唐代孙思邈《枕上记》
　　【解释】进食以后宜缓步行走百步，并常以手掌摩抚脐腹之处，可助消化吸收。

万物皆有其味，调和胜而真味衰矣。——明代袁黄《摄生三要》

【解释】各种各样的食物都有其独特的味道，若烹调太甚则其真味就失去太多而滋养价值就少了。

饮食五味，养髓、骨、肉、血、肌、肤、毛发。——南齐褚澄《褚氏遗书》

【解释】人靠饮食五味（辛、甘、酸、苦、咸）来滋养骨髓、脑髓、筋骨、肌、肉、皮肤、气血、毛发。

衣锦食鲜，非所以延年；服粗餐粝，聊可以卒岁。——明代田艺蘅《玉笑零音》

【解释】身穿锦缎衣、口食鲜美佳肴，并不一定可以延年；穿粗衣服、吃粗糙饮食，却可以活到老年。

晨飧啖蔬菜，如读渊明诗，清腴有至味，舌本生华滋。——清代朱珪《知足斋集》

【解释】早餐吃点素菜，如同读陶渊明的田园诗一样，清淡腴素很有咏味，舌根生出津液华美滋润。

人之受用自有剂量，省啬淡泊，有久长之理是可以养寿也。——明代龙遵叙《食色绅言》

【解释】人承受饮食的滋补有它一定的浓度和能量，经常吃食节省和淡泊的人大多是可延年益寿的。

养生实验室

麦卡效应

20世纪30年代，美国营养学家麦卡教授做了一个动物实验：他将小白鼠分做甲乙两组，都保证必要的营养供应，包括蛋白质、脂肪、碳水化合物、维生素、矿物质等。对甲组小鼠限制热量，乙组小鼠则不加限制，可以每天敞开肚皮吃。结果，乙组小鼠175天后骨骼就停止生长，而甲组小鼠在1,000天后，骨骼还在缓慢生长。乙组小鼠不到两年半全部死亡；甲组小鼠却活了三四年，且患病率低很多。只可惜，麦卡教授的这项伟大发现，并没有引起学术界的重视。

直到30多年后，20世纪60年代末，美国老年学家马克登诺做了一个类似的实验：他用含22%蛋白质和5%植物油的饲料，喂养两组小白鼠。甲组每天供应含20千卡热量，属于正常饮食；乙组每天只供应10千卡热量，为限食组。结果乙组小鼠中，有2/3的平均寿命大大延长。最长寿命是甲组的2倍以上。

他的实验证明了麦卡的发现。由于这一实验最早是由麦卡做成功的，因此，医学上把这种"节食可以长寿"的现象称为"麦卡效应"。从而推翻了以往科学界普遍认为的"遗传左右寿命"的说法。

专家观点：

专家通过动物实验证明，无论是单细胞动物还是哺乳动物，如果减少营养供应，即将正常饮食减少三至四成，则寿命可延长30%~60%。目前国民的平均寿命已超过70岁，如果能坚持只吃七分饱，做到营养均衡，完全可以更健康、长寿。

专心吃饭。 对饱的感受,是人的本能,天生具备。不过,对不同级别饱的感受,一定要在专心致志进食的情况下才能感觉到。如果边吃边聊,或边吃边看电视,就很难感受到饱感的变化,从而不知不觉地饮食过量。

细嚼慢咽。 只有细嚼慢咽,才会感受到自己对食物热情的变化,饥饿感的消退,吃饭速度的减慢,胃里逐渐充实的感觉……也只有这样,才能体会到不同饱感程度的区别。然后,找到七分饱的点,把它作为日常食量。

少精多粗。 吃水分大的食物可以让胃提前感受到饱,有利于控制食量,比如喝八宝粥,吃汤面,都容易让七分饱的感觉提前到来。另外,吃需要多嚼几下才能咽下去的食物,比如粗粮,能让人放慢进食速度,有利于感受饱感,从而帮助人们控制食量。相反,精白细软、油多纤维少的食物会让进食速度加快,不知不觉中吃下很多。

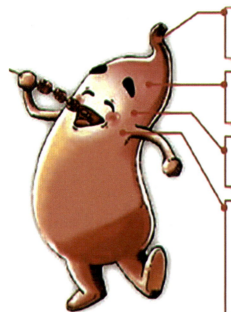

十分饱 就是一口都吃不下了,多吃一口都痛苦。

九分饱 还能勉强吃几口,但每一口都是负担,觉得胃里已经胀满。

八分饱 胃里感觉满了,但再吃几口也不痛苦。

七分饱 胃里还没觉得满,但对食物的热情已有所下降,主动进食的速度也明显变慢,但习惯性地还想多吃,可如果把食物撤走,换个话题,很快就会忘记吃东西。

养生·小百科

剩饭剩菜如何保存？

剩饭剩菜最好在出锅时分装到不同的盘子里，凉透后放入冰箱，存放时间以不隔餐为宜，最好在 6 个小时内吃掉它。剩菜放到第二餐一定要彻底加热，所谓彻底加热，就是把菜整体加热到 100℃，保持沸腾 3 分钟以上。需要高度注意的是，菜千万不要反复多次地加热。

另外需注意：海鲜只吃新鲜的，隔夜银耳及木耳不要吃，叶菜不要隔夜。

如何预防空调病？

当下人们越来越离不开空调，但是如果空调用不好就容易得空调病，出现畏冷不适、疲乏无力、四肢肌肉关节酸痛、头痛、腰痛等问题。

空调病预防重于治疗，首先使用空调的房间温度最好控制在 24℃~26℃，不要太低，空调室温和室外自然温度相差不宜过大，以不超过 3-5℃为宜。其次开启空调的时间不要过长，不要让通风口的冷风直接吹在身上，尤其在大汗淋漓的时候最好不要直接吹冷风，夜间睡眠时最好不要用空调，如果使用空调，也要注意防风、防冷等，采用各种措施预防是最主要的。

清淡饮食应该怎么吃？

清淡的饮食，就是平常说的"粗茶淡饭"，主食要以五谷杂粮为主，副食以豆类、蔬菜、水果、菌类为主。

清淡饮食不是完全的素食，肉类含有人体必需的蛋白质，完全素食容易造成营养不良，所以对肉类烹饪应以清蒸、水煮为主，减少煎炸，少放油盐，尽量保持食物的原味。肉类食物最好选在午餐时食用，食肉时可将肉皮及油脂去掉，以减少脂肪含量。蛋白质每日摄入量以100克为宜，且最好一半以上为鱼、虾、鸡肉、鸭肉、蛋、奶、豆制品等易消化吸收的优质蛋白质。

养生食谱

在日常生活中，我们随手扔掉的蔬菜，比如芹菜叶、萝卜皮、红薯叶等，其实都含有丰富的营养。从营养学上来说，芹菜叶比茎的营养要高出很多倍，还有抑制癌症的作用；萝卜皮富含萝卜硫素，促进人体免疫机制，激发肝脏解毒酵素的活性，可保护皮肤免受紫外线伤害；红薯叶的蛋白质、维生素、矿物质元素含量极高。那么我们就变"废"为宝，将这些做成一道道养生美食吧！

养生食谱 | 芹菜叶炒鸡蛋

材料： 芹菜叶小把，鸡蛋3个，油少许，盐少许。

做法：

（1）选择很嫩的芹菜叶，洗干净，切碎。

（2）鸡蛋打散待用。

（3）把切好的芹菜叶放入打散的鸡蛋液里，加盐搅拌均匀。

（4）锅里放油，等油烧至八成热。

（5）倒入混合的蛋液，均匀摊开。

（6）两面煎至略泛金黄就可以了。

养生食谱 | 凉拌萝卜皮

材料：心里美萝卜皮1个，盐1小勺，米醋1勺，糖1小勺，芝麻少许，花椒少许，食用油少许。

做法：

（1）将萝卜反复搓洗干净，去除根部和头部，用刀将萝卜皮片下来，片的时候要稍带些萝卜肉，不要切太薄了（也可以切成丝）。

（2）将片好的萝卜片放入碗中，调入盐后搅匀，腌制15分钟。

（3）腌好的萝卜片会出汁，将汁倒掉不用。

（4）在去汁的萝卜片中加入米醋、糖，拌匀。

（5）锅中倒适量油，油热后放入花椒爆香。

（6）将拌好的萝卜摆入盘中，上面撒上芝麻。

（7）将剔掉花椒的热油浇在萝卜上即可。

养生食谱 | 红薯叶鸡蛋饼

材料： 红薯叶小把，鸡蛋2个，白面少许，玉米面少许，盐少许，香油少许。

做法：

（1）红薯叶洗净，过开水备用。

（2）将焯好的红薯叶放入凉水中过一下。

（3）挤干水分切末，取一大碗，加入白面粉和玉米面、鸡蛋、盐。

（4）加入少许水搅拌成糊状备用。

（5）饼铛预热后刷上香油，将面糊用勺子淋入饼铛上煎至两面金黄即可。

温馨小提示：

＊不是所有人都适合吃红薯叶，肠胃消化能力不佳者、肾病患者，都不宜过多食用。

＊红薯叶和鸡蛋不适合放在一起食用，鸡蛋里面的胆固醇和红薯叶中的鞣酸物质结合在一起，可能会导致腹痛。

践行美好新生活

垃圾分类，文明你我

篇首语：

　　生态文明是工业文明之后的文明形态，是人类遵循人、自然、社会和谐发展这一客观规律而取得的物质与精神成果的总和。党的十七大提出了建设生态文明的理念，十八大提出"五位一体"的建设目标，十九大将生态文明写入党章，对生态文明观进行了全面、系统、深刻、科学的阐释。新冠肺炎疫情以来，随着学生延期开学居家学习、家长居家办公的变化，一日三餐等日常生活的垃圾产生量剧增，新修订的《北京市生活垃圾管理条例》从2020年5月1日起实施，扎实推进垃圾分类，是为这场疫情防控阻击战贡献力量，是为今后垃圾分类的全国施行奠定基础，是用每天的实际行动践行生态文明建设，更是为了构建绿水青山、民众安康的美好新生活。

　　垃圾减量是指在产品设计、制造、流通和消费过程中采用合理措施减少废物量。在我们的生活中，如何做好垃圾减量？在什么情况下进行垃圾减量？人们在践行垃圾分类的同时，也越来越多地关注垃圾减量问题，逐渐养成了"非需勿用、一物多用、物尽其用"的低碳生活方式。

衣

随着生活水平的不断提高,我们对衣服更新换代的频率也在逐渐提高,很多衣物可能穿了一两次不穿了,甚至当作垃圾丢弃。这样一来就造成了很多不必要的浪费,二来也出现了垃圾处理带来的环境污染。

一、旧衣巧改造

衣服虽然旧了,但通过改造也可以使生活更美好,焕发新的生命力,还可以减少垃圾的数量。将旧衣物变成各种实用的家居单品,简直是物超所值。生活中,人们常常利用旧衣物大胆创作各种各样的物品,让我们一起来"大饱眼福"。

1. 旧衣服变收纳包

垃圾分类，文明你我

2. 旧衣服变围裙

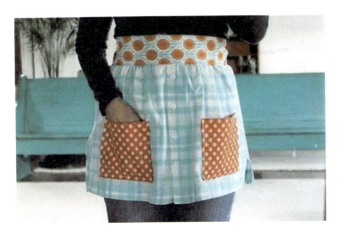

3. 旧衣服变枕头或靠垫

4. 旧衣服变纸巾盒或纸筒

5. 旧衣服变时尚围巾

6. 旧衣服做护膝

7. 旧衣服做居家鞋

8. 旧衣服变书皮或笔筒

9. 旧衣服变宠物窝或鼠标垫

二、旧衣可回收

北京在迈向世界城市的进程中，随着人口的迅速增长，生活垃圾产生量与日俱增，垃圾减量从源头做起。经过近两年的发展，北京市多家公益机构积极投身于旧衣物回收体系建设，在社区、学校、机关免费投放旧衣物回收箱，方便居民投放，北京市旧衣物回收体系已初见成效。

通常情况下，废旧衣物大约有三个去向。一是环保再生。棉毛、锦纶、涤纶类等旧衣，在工厂进行破碎，除去拉链、纽扣等配饰，清洗、烘干后，通过物理和化学方法，加工成农业保温材料、建筑和工业隔音材料、填充材料、无纺布等，或生成再生纤维、聚酯原料、再生棉帆布，重新用于纺织品生产。二是助力公益。对符合捐赠标准的较新、质量较好的回收的旧衣物（一般为小孩子冬装），清洗、消毒后捐赠到有需要的贫困山区或者公益组织。三是工艺再造。旧衣服回收后将其改造为毛毯、坐垫等环保物品。而那些没有任何回收价值的废旧衣物，则只能投入燃烧炉。

三、旧衣献爱心

我们可以把不需要的旧物转给需要的人，这只需要我们的爱心。可以将家中多余的衣服捐献出来，帮助那些家庭贫困的人们。

捐献衣物的具体要求如下。

（1）必须是适合穿着的衣服。

（2）最好是七成新以上。

（3）衣物不要有破洞，不要有明显的污渍，扣子、拉链必须完整无缺（能用消毒液浸泡一下最好，晒干）。

践行美好新生活

食

我们不要小瞧身边的食物，不要以为它们就是吃的东西。食物的精华在于怎样利用，它们不仅满足你的美味，还能为你带来健康。其实在生活中，食物也是可以"物尽其用"的。

一、食物边角巧利用

食物在制作的过程中，一些边角往往被扔掉了，其实这些废料完全可以重新利用。

（1）鱼头和鱼骨头。加上几片肉，熬成高汤；做菜的时候也可以用。

（2）鸡鸭禽类吃完了肉，把骨头加一点儿菜熬汤，实现荤素搭配。

（3）削下来的萝卜皮可以先用盐腌一下，然后将葱丝、碎姜末、香菜段、蒜末、青辣椒丝一同撒入盆中，再浇上酱油、香醋、白糖，拌成凉菜。

（4）很多人将鸡蛋用完了以后，会直接将鸡蛋壳扔掉，其实鸡蛋壳在很多地方都大有妙用。下面就为大家介绍一些鸡蛋壳在生活中常见的妙用。

① 防止家禽缺钙：如果家里饲养的家禽缺钙了，将鸡蛋壳放入炉子里烘烤，鸡蛋壳烘烤干后，碾碎成粉末状，然后直接将这些鸡蛋壳粉末放到家禽吃的饲料里面，家禽就不容易缺钙了。

② 清洁奶瓶：细心的家长都会发现奶瓶在使用长了以后，里面会非常不好清洁。如果想要快速地清洁奶瓶里面的污垢，可以直接把鸡

蛋壳碾碎了放到奶瓶里面，加上水，使劲地摇晃，奶瓶摇晃一阵以后，里面的污垢就可以清除了。

③ 养花：如果家里面有很多鸡蛋壳的话，可以先清洗鸡蛋壳的内外，洗干净后碾碎，然后埋到种有花草的盆子里面。鸡蛋壳这时候就可以发挥它的作用了，不仅可以保持水分，而且还可以给花提供养分。

④ 清洁陶瓷用品：陶瓷用品在长期使用后，上面会有很多污垢，清洗起来很困难，这时可以将鸡蛋壳碾成粉末状，然后用这些鸡蛋壳粉末清洗陶瓷用品，陶瓷用品就会焕然一新了。

⑤ 洗衣服：洗衣服的时候可以直接拿鸡蛋壳来洗，尤其适合白色的衣服。将鸡蛋壳碾碎后放入布袋子，将布袋子和衣服一起放入水中浸泡，就会浸泡出蛋白加水的溶液。用这种溶液洗衣服，衣服会变得非常白净。

⑥ 去水垢：家里的水壶在使用时间长了以后，里面会产生一层厚厚的水垢，如果想要轻松地去除这些水垢，就可以在烧水时直接把鸡蛋壳放水中，烧过几次以后，里面的水垢就可以很轻松地去除了。

⑦ 消灭蚂蚁：家里面出现了蚂蚁，可以直接把鸡蛋壳烤干，烤成那种微微带有焦色的感觉，然后把鸡蛋壳碾成粉末，洒在有蚂蚁的地方，就可以将蚂蚁消灭了。

二. 食物废料富营养

唐代药王孙思邈,是中国历史上一位了不起的养生专家,他非常关注人体自身系统的调节。对于人体在不同情况下,采用药物调节还是食物调节,其著作《千金食治》中有经典的论述:"安身之本,必资于食"。对于日常养生和一般性调解,借助食物就能做到。

想一想,在日常生活中你是不是扔掉了很多自认为无用的东西,比如做鱼时扔了鱼鳞,吃芹菜时去了根和叶等。殊不知,食物废料营养丰富,这些你认为是废物的东西都是宝贝呢!

(1)豆腐渣:膳食纤维、钙等营养素含量高,低热能、低脂肪,是抗癌、通便、降脂、降糖、减肥的新原料,可加鸡蛋清、面粉、葱花及调味料搅拌均匀后煎饼吃,对预防血黏度增高、高血压、动脉粥样硬化、冠心病、中风、肠癌等的发生都非常有利。

(2)菜根:香菜根、芹菜根、萝卜皮富含维生素C和膳食纤维,可用盐、醋、酱油、香料等制成泡菜,是降血压、降血脂及预防便秘、结肠癌等疾病的理想食品。

(3)鱼眼:特别是金枪鱼科的鱼眼,含有丰富的二十二碳六烯酸(DHA)和二十碳五烯酸(EPA)等不饱和脂肪酸。这些天然物质能增强大脑记忆力和思维能力,对防止记忆力衰退、胆固醇增高、高血压等多种疾病大有裨益。

(4)鱼鳞:营养学家发现,鱼鳞含有较多的卵磷脂、多种不饱和脂肪酸,还含有多种矿物质,尤以钙、磷含量高,是特殊的保健品。鱼鳞炸着吃或煮成鱼冻,可以增强人的记忆力,延缓脑细胞衰老,减少胆固醇在血管壁上的沉积,促进血液循环,预防高血压及心脏病。此外,常吃鱼鳞还能预防小儿佝偻病、老人骨质疏松与骨折。

（5）将鲜柑橘皮加工成橘皮糖是一个变废为宝的途径。橘皮糖不仅营养丰富而且具有理气健脾、和胃止呕、驱湿化痰等功效，是价廉物美的休闲食品。

制作橘皮糖的原料配比为：鲜橘皮 5 千克，白砂糖 4 千克，甘草粉 30 克，五香粉 10 克，食用色素适量。

具体操作方法如下：

① 原料处理：挑选厚实、外表光滑的鲜柑橘皮，剔除不清洁和腐烂的部分，用清水洗净并将表层细胞搓破，然后放入 10% 的食盐水中浸泡 24 小时。

② 煮沸沥干：将经过处理的鲜柑橘皮放入清水锅中，加热煮沸 5 分钟，捞出沥干，装入纱布袋内压榨，去除水分，然后摊放在竹帘上晾晒 24 小时。

③ 切块：将晒过的鲜柑橘皮按一定规格用刀切成整齐的小方块，边角废料弃除。

④ 煮糖上色：将3千克白砂糖放入锅中，加水2千克，大火煮沸，待糖全部熔化后加入适量食用色素，然后把已切块的柑橘皮倒入锅中，糖液变稠，橘皮呈透明状时，迅速将橘皮捞出，沥干糖液，摊放到竹匾里，再将余下的1千克白砂糖加入拌匀。

⑤ 烘烤干燥：将拌糖后的橘皮小块装入烘盘中，送进烘房，在55~60℃的温度下烘烤24小时左右。如果没有烘房，也可摊晒在竹帘上。

⑥ 拌入香料：将烘烤或晒干的橘皮放在竹匾内，均匀地拌入甘草粉和五香粉，经包装即成橘皮糖成品。应注意防潮，以免发生潮解或相互黏结，影响外观及品质。

三、厨余垃圾可堆肥

堆肥箱制作

1. 材料

厨余垃圾若干、塑料箱（带水龙头）、堆肥糠、废旧报纸。

菜帮菜叶　瓜果皮壳　鱼骨鱼刺　剩菜剩饭　茶叶渣　过期食品等　残枝落叶

2. 步骤

第一步，在桶的底部放一张旧报纸，以免细碎物堵塞出水龙头；

第二步，将厨余垃圾切碎后，倒入堆肥桶；

第三步,每添加10厘米左右厚的一层厨余,就撒上一层发酵糠,用量以覆盖厨余表面多半桶,然后压紧继续覆盖;

第四步,重复覆盖直到发酵桶装满,注意不要装得太满,以确保盖子可以盖严;

第五步,停止添加厨余后第7天,开始取液肥,1~2天排一次液肥,否则影响继续发酵的效果,收集到的发酵液呈透明淡茶色;

最后,过5~7天后,菌丝明显老化、褪去,可将堆肥倒出做基底肥,填入土中或装入密封袋中备用。

垃圾分类，文明你我

住

中国是个多民族国家，很多民族在吃穿住行方面都能体现出一物多用的特点，这不仅凸显了节俭美德，还体现了民族智慧。让我们一起来看一看民族建筑中的生态元素和节能智慧。

一、少数民族的低碳建筑

1. 蒙古等游牧民族

蒙古等游牧民族传统的住房，古称穹庐，又称毡帐、帐幕、毡包等。蒙古语称格儿，满语为蒙古包或蒙古博。游牧民族为适应游牧生活而创造的这种居所，易于拆装，便于游牧。自匈奴时代起就已出现，一直沿用至今。蒙古包呈圆形，四周侧壁分成数块，每块高130～160厘米，长230厘米左右，用条木编成网状，几块连接，围成圆形，长盖伞骨状圆顶，与侧壁连接。帐顶及四壁覆盖或围以毛毡，用绳索固定。西南壁上留一木框，用以安装门板，帐顶留一圆形天窗，以便采光、通风，排放炊烟，夜间或风雨雪天覆以毡。

2. 藏族

藏族最具代表性的民居是碉房。碉房多为石木结构，外形端庄稳固，风格古朴粗犷；外墙向上收缩，依山而建，内坡仍为垂直。典型的藏族民居用土石砌筑，形似碉堡，通称碉房；一般为2~3层，也有4层的，通常底层做畜舍，上层住人，储藏物品，还有设经堂的；平面布置逐层向后退缩，下层屋顶构成上一层的晒台，厕所设在上层，悬挑在后墙上,厕所地面开一孔洞,排泄物可直接落进底层畜舍外的粪坑中,以免除清扫的麻烦;设有两层厕所的,上下层位置错开,使上层污物能畅通无阻地落到底层粪坑。

3. 鄂伦春和鄂温克族

鄂伦春和鄂温克族以前由于过着流动性很大的狩猎生活,为了适应环境,他们住在非常简单的一种蓬子里,这种蓬子叫"希楞柱",俗称"撮罗子"。它高约一丈,直径一丈二尺左右,用25~30根落叶松杆搭成伞形的窝棚,夏天以桦树皮做盖,冬季用麋鹿皮围起来。他们根据野兽多少而移动住处:一般夏天和秋天住一处最多10天;冬天猎取灰鼠时,二三天就搬一次家。把一个山的灰鼠打光再转到另一个山上;男人把撮罗架搭好,女人用驯鹿把用具驮运到新的住处。

4. 客家

客家是古代从中原繁盛的地区迁到南方的,他们的居住地大多在偏僻、边远的山区,为了防备盗匪的骚扰和当地人的排挤,便建造了营垒式住宅,在途中掺石灰,用糯米饭、鸡蛋清作黏合剂,以竹片、木条作筋骨,夯筑起墙厚1米、高15米以上的土楼。客家建筑大多为3~6层楼,100~200多间房屋如橘瓣状排列,布局均匀,雄伟壮观。

我们从各民族的建筑特点中发现了"一物多用"的节能智慧和低碳生活方式。

二、新能源在建筑中的运用

目前,中国建筑普遍存在耗能大、效率低、围护结构的保温隔热性能不高等问题,并具有夏季空调用电量大,冬季采暖能耗高等特点。能源的短缺和环境污染的加剧促使我们必须采取新的发展战略。现今我国建筑能耗占总能耗的25%~40%,随着人民生活水平的提高,单位建筑面积的能耗还会增长，而我国正处于经济快速发展时期，一味采取减少能源消耗的手段难以保证社会经济的可持续发展，因此设计建筑时，在以节能为本，推进清洁能源的开发和利用的同时，进一步发展新能源势在必行。

1. 太阳能的应用

　　一是通过转换装置把太阳辐射能转换成热能，属太阳能热利用技术；二是通过装置把太阳辐射能转换成电能，属太阳能光伏发电技术。

　　（1）太阳能热利用技术：现代的太阳热能科技将阳光聚合，并运用其能量产生热水、蒸气和电力。除了运用适当的科技来收集太阳能外，建筑物亦可利用太阳的光和热能，方法是在设计时加入合适的装备。太阳能热利用技术主要包括太阳能热水器、太阳房、太阳能热发电、太阳能温室、太阳灶等。目前使用最广泛、太阳热能应用发展中

最具经济价值、技术最成熟且已商业化的一项应用则是太阳能热水器，它是利用太阳能集热器，收集太阳辐射能把冷水加热，给人们提供环保、安全、节能、卫生的新型节能设备。

（2）太阳能光伏发电技术：是利用半导体界面的光生伏特效应而将光能直接转变为电能的一种技术。这种技术的关键元件是太阳能电池。太阳能电池经过串联后进行封装保护可形成大面积的太阳电池组件，再配合功率控制器等部件就形成了光伏发电装置。光伏发电系统应用在建筑物上一般采用光伏与建筑集成和光伏在屋顶附着两种形式。目前光伏与建筑集成即建筑一体化应用较为广泛，在北京奥运会和上海世博会建筑中均得到了很好的应用，这也代表着未来光伏发电装置的发展趋势，即越来越多地应用到城市大型标志性建筑。

2. 地热能的应用

地热能的应用主要有地热发电、地热供暖、地热务农、地热行医，而地热发电是地热利用的最重要方式，而将地热能直接用于采暖、供热和供热水是仅次于地热发电的地热利用方式。这种利用方式简单、经济性好，备受各国重视，特别是位于高寒地区的西方国家应用较多。在多数应用中，例如地源热泵，它不向外界排放任何废气、废水、废渣，是一种理想的"绿色技术"，从能源角度来说，它是一种用之不尽的可再生能源。

3. 风能的应用

风能的利用形式主要有风力提水、风力发电、风帆助航、风力制热等，而利用最广泛的则是风力发电。风力发电主要的发展方向是将其并入常规电网运行，向大电网提供电力。

4. 生物质能的应用

生物质能的利用主要有直接燃烧、热化学转换和生物化学转换等3种途径。而生物质能在建筑中的应用主要是沼气的应用。沼气是人畜粪便、秸秆、污水等各种有机物在密闭装置中，利用特定微生物分解代谢产生的可燃性混合气体，户用沼气在我国农村广泛使用。随着我国经济发展，人民生活水平提高，工业、农业、养殖业的发展，大废弃物发酵沼气工程仍将是我国可再生能源利用和环境保护的切实有效的方法。沼气发电是随着大型沼气池建设和沼气综合利用的不断发展而出现的一项沼气利用技术，它具有创效、节能、安全和环保等特点，是一种分布广泛且价廉的分布式能源。

行

在北京这样的都市里倡导"绿色出行"。条件允许的情况下，大家尽量乘坐地铁和公共汽车等公共交通工具；尽量拼车出行，减少空座率；自驾车能够做到环保驾车、文明驾车；空气质量良好和距离合适的情况下，采取步行、骑自行车等交通方式，这就是"绿色出行"。

一、绿色出行

（1）搭乘公交车或地铁。在上下班高峰时，公共交通工具通常比自行车和小汽车快。公共交通系统以最低的人均能耗、人均废气排放和人均空间占用，成为最高效的出行选择。

（2）必须开车出门时，可以考虑拼车。打车的时候想想堵车，出租车约占总交通容量的29%，但却只负担了6%的乘客。

（3）在可接受的范围内，尽可能地采用地铁、公交或自行车出行。其中自行车出行最为低碳，同时还能强健体魄，一举两得。

二、汽车环保

（1）如果一定要买车，尽量购买环保汽车，避免购买大排量汽车，如四轮驱动车，它比小型车辆更加耗油、占用空间大，造成更多污染，还耗费更多的金钱。另外，应合理使用车内空调，启用空调会增加油耗，使用空调时，每百千米的油耗会增加 0.2~0.3L。

（2）注意保养汽车(使用无铅汽油，保证排气管正常工作，出现故障要及时修理)。良好的车况可以减少废气排放。车内应安装高品质过滤器，这可以降低车内空气污染。日常注意汽车保养。

（3）开车上路，礼让行人和骑车人。除驾驶人员外，其他的交通参与者也应该遵守交规、注意礼让，这样我们的交通就会更加畅通。

（4）做个绿色驾驶人，注意安全。启动或停车时猛踩油门或刹车、行驶速度过快，都会导致高油耗，排放更多的有害气体。安全、熟练的驾驶更考验你的技术，也能赢得更多其他驾驶者和路人的尊敬。另外，平稳行驶可减少汽车的耗损，从而节省能耗。

（5）引擎冷却以后才加汽油。在一天中比较凉快的时候或者晚上加油，不仅更经济，还可以防止汽油在油箱中被加热时产生有害气体。

（6）汽笛仅在绝对必要的时候才使用。在非必要时使用它不仅对行人和骑车人不礼貌，对当地居民也有噪声污染。

（7）出行前，先考虑碳排放量，尽量选择低碳方式。

垃圾减量，我们还可以做这些

◆ 在外就餐要适量点餐，若有剩菜要打包带走，减少浪费
◆ 使用可重复使用的餐具，尽量不使用一次性餐具和纸巾等
◆ 用环保购物袋代替塑料袋、用充电电池代替一次性电池
◆ 购买简易包装或大包装的商品，尽量不买过度包装或小包装的商品
◆ 购买并使用有中国环境标志、循环利用标志和中国节能认证标志的商品

践行美好新生活

刘洁老师给教研员宣讲垃圾分类

刘洁老师录制小学版垃圾分类空中课堂

垃圾分类，文明你我

北京市白家庄小学学生利用废旧物品制作的民族团结主题服饰

学生制作手抄报

后 记

  《荀子·修身》中说：君子役物，小人役于物。在现代化发展水平和速度极高的社会，我们每个人都要有能够控制自己欲望的能力，每个人都要有不被物质役使的能力，坚持简约生活，对不需要的物品、易浪费的物品说"不"，减少一次性物品的使用，从克制约束自我行为，到关注保护生态环境，用极简的生活营造环保的最高境界。让我们积极行动起来，牢固树立节约意识，让节约成为习惯，成为生活方式，坚持从自己做起，从每一天做起，节约每一滴水、每一度电、每一粒粮，从一点一滴的小事做起，积极践行垃圾分类、垃圾减量，养成良好的文明素养，营造和谐的社会氛围，创造低碳的生活环境，让天更蓝，水更清，地更绿，让我们每个人都来做绿水青山的守望者！

可回收物 Recyclable
 有害垃圾 Hazardous Waste
 厨余垃圾 Food Waste
 其他垃圾 Residual Waste